Advances in Anatomy, Embryology and Cell Biology

Ergebnisse der Anatomie und Entwicklungsgeschichte

Revues d'anatomie et de morphologie expérimentale

51/6

Editors

A. Brodal, Oslo · W. Hild, Galveston · J. van Limborgh, Amsterdam
R. Ortmann, Köln · T. H. Schiebler, Würzburg · G. Töndury, Zürich · E. Wolff, Paris

Lieselotte Thorn

Die Entwicklung des Cortischen Organs beim Meerschweinchen

Mit 23 Abbildungen

Springer-Verlag Berlin Heidelberg New York 1975

Priv.-Doz. Dr. Lieselotte Thorn
Anatomische Anstalt der Universität München
D-8000 München 2, Pettenkoferstr. 11
Bundesrepublik Deutschland

Habilitationsschrift an der Universität München
Mit Unterstützung durch die Deutsche Forschungsgemeinschaft

ISBN-13:978-3-540-07301-7   e-ISBN-13:978-3-642-66160-0
DOI: 10.1007/978-3-642-66160-0

Library of Congress Cataloging in Publication Data
Thorn, Lieselotte, 1934–
     Die Entwicklung des cortischen Organs beim Meerschweinchen.
     (Ergebnisse der Anatomie und Entwicklungsgeschichte; 51/6)
     Summary also in English.
     Bibliography: p.
     Includes index.
     1. Cortis organ. 2. Guinea-pigs—Anatomy. I. Title. II. Series:
Advances in anatomy, embryology and cell biology; v. 51, fasc. 6.
QL801.E67 vol. 51fasc.6 [QL948] 574.4'08s
ISBN-13:978-3-540-07301-7 [599'.3234] 75-12689

Inhaltsverzeichnis

Einleitung

Schon bald nach der Entdeckung und ausführlichen Erstbeschreibung des Cortischen Organs (Corti, 1851) wurden die ersten Untersuchungen zur Entwicklung des Organs von Boettcher (1870: Säuger) aufgenommen. Es folgten Studien von Gottstein (1871, 1872: Säuger, einschließlich Mensch) und Retzius (1881: Fische, Amphibien; 1884: Reptilien, Vögel, Säuger). Zusammenfassende Darstellungen stammen von Held (1909, 1926: Vögel, Säuger) und Kolmer (1927: Beispiele der fünf Wirbeltierklassen, einschließlich Mensch). Die Autoren schilderten übereinstimmend das Fortschreiten der Differenzierung der Epithelien des Ductus cochlearis von der Schneckenbasis zur Spitze, die Umwandlung des Querschnittes des Ductus cochlearis von der rundlich-ovalen zur Dreiecksform, die Entwicklung der Sinnes- und Stützzellen aus dem zunächst undifferenzierten Epithel am Boden des Schneckenganges und betonten für die Zeit der Differenzierung das Bestehen einer festen Verbindung der Membrana tectoria mit den von ihr bedeckten Epithelzellen.

Ausführliche Beschreibungen der Organogenese des Labyrinthes lieferten Streeter (1906, 1917, 1918: Mensch), Bodechtel (1930: Beispiele der fünf Wirbeltierklassen) und Anson (1934: Säuger). Nach Bartelmez (1922: Mensch) gliedert sich das aus der ektodermalen Ohrplakode hervorgehende Labyrinth in einen oberen Abschnitt (Pars vestibularis), aus dem sich der Utriculus und die Bogengänge bilden, und einen unteren Abschnitt (Pars cochlearis), aus dem der Sacculus und der Ductus cochlearis entstehen.

Lichtmikroskopisch wurde die Entwicklung des Cortischen Organs aus dem basalen Epithel (Basialplatte) des Ductus cochlearis bei verschiedenen Species sehr eingehend untersucht. Van der Stricht (1919) schilderte die postnatale Differenzierung der Pfeilerzellen und die Bildung der Corti-Lymphräume bei Katze und Hund. Wada (1923) befaßte sich mit dem Wachstum des Cortischen Organs während der postnatalen Entwicklung der Ratte und lieferte genaue Meßdaten. Die Differenzierungsvorgänge in den Epithelien des Ductus cochlearis untersuchten Weibel (1957) bei der postnatalen Entwicklung der Maus, Chodynicki (1968) bei der Fetalentwicklung des Meerschweinchens, Brument *et al.* (1969) sowie Pujol und Marty (1970) bei der postnatalen Entwicklung der Katze und Sher (1971) bei der prä- und postnatalen Entwicklung der Maus.

Neuere lichtmikroskopische Studien des Cortischen Organs menschlicher Feten stammen von Reinecke und Lehmann (1968) sowie von Bredberg (1968). Reinecke und Lehmann untersuchten den Ductus cochlearis eines Feten in der 13. Entwicklungswoche (87 Tage): Äußere und innere Haarzellen waren ausschließlich in der Basalwindung erkennbar; die Corti-Lymphräume und der Sulcus spiralis internus waren noch nicht angelegt. Auch Bredberg stellte fest, daß die Differenzierung der Sinneszellen im 3. Entwicklungsmonat im Bereich der Basalwindung beginnt, jedoch in geringer Entfernung von der Schneckenbasis, um dann gleichzeitig spitzenwärts und vollends zur Basis fortzuschreiten. An derselben Stelle der Basalwindung beginnt im 5. Entwicklungsmonat die Eröffnung der Corti-Lymphräume. Im 6. Entwicklungsmonat wird die Differenzierung des Cortischen Organs abgeschlossen. Bredberg bestimmte außerdem bei zehn menschlichen Feten (17.–24. Entwicklungswoche) nach Mikrodissektion der Cochlea die Anzahl der Sinneszellen; er zählte im Mittel 13400 äußere und 3400 innere Haarzellen.

Histochemische Untersuchungen der Differenzierungsvorgänge im Cortischen Organ liegen aus den letzten zwei Jahrzehnten vor. Bélanger (1956) wies mit der PAS-Reaktion Polysaccharide in der Membrana tectoria, der Basilarmembran und in geringen Mengen auch in den Sinnes- und Stützzellen des Cortischen Organs während der postnatalen Entwicklung der Ratte nach. Rossi (1961) untersuchte bei Meerschweinchenfeten mit der von Koelle und Friedenwald (1949) angegebenen Technik das Auftreten der Cholinesteraseaktivität im Bereich des inneren Spiralbündels und im Synapsenbereich an der Basis der Sinneszellen; die Fermentaktivität war am frühesten an der Schneckenbasis nachweisbar und erreichte erst allmählich die Spitze. Die Befunde von Rossi wurden von Nakai (1972) am Cortischen Organ von 10 Tage alten Mäusen in einer fermenthistochemisch-elektronenmikroskopischen Studie bestätigt. Titova (1965) wies aufgrund ihrer Untersuchungen an Ziegen, Kaninchen und Katzen auf die große Bedeutung der Nucleinsäuren für die Differenzierungsvorgänge im Cortischen Organ hin. Chodynicki (1968) kam nach Studien an Meerschweinchenfeten zum gleichen Ergebnis. Er fand außerdem eine starke Aktivität der sauren Phosphatase vor der Eröffnung des inneren Tunnels und vor der Einsenkung des Sulcus spiralis internus an den entsprechenden Stellen der Basalplatte und eine Zunahme der Aktivität der respiratorischen Enzyme in den Haarzellen kurz vor dem Beginn der Funktionsfähigkeit.

Ruben (1967, 1969) stellte den Zeitpunkt der terminalen Mitosen im Cortischen Organ der Maus fest. Er injizierte graviden Muttertieren H^3-Thymidin bzw. markiertes Uridin, Cytidin oder Orotsäure und untersuchte dann die Cochleae der neugeborenen Tiere im Autoradiogramm. Nach seinen Befunden erfolgen die terminalen Mitosen in der Cochlea der Maus zwischen dem 13. und dem 15. Entwicklungstag, und zwar an der Schneckenspitze früher als an der Schneckenbasis.

Kombinierte elektrophysiologische und histologische Studien während der Entwicklung des Cortischen Organs wurden vor allem von Larsell *et al.* (1935, 1944: Opossum), McCrady *et al.* (1937, 1940: Opossum), Schmidt und Fernandez (1963: Opossum, Maus, Ratte), Alford und Ruben (1963: Maus), Mikaelian und Ruben (1965: Maus), Änggård (1965: Kaninchen), Chodynicki (1968: Meerschweinchen), Pujol und Marty (1968: Katze) und Romand (1971: Katze und Meerschweinchen) durchgeführt. Die Autoren untersuchten das Auftreten der endocochleären Mikrophonpotentiale bzw. des Aktionspotentials des Hörnerven und setzten es zu den Stadien der morphologischen Entwicklung in Beziehung. Bosher und Warren (1971) und Bosher (1972) studierten das Auftreten der endocochlären Potentiale bei neugeborenen Ratten; gleichzeitig bestimmten sie die Ionenkonzentration der Endolymphe, die vom ersten Lebenstag an derjenigen bei adulten Ratten entsprach.

In vitro-Studien an der sich entwickelnden Otocyste wurden von Fell (1928: Hühnchen), Lawrence und Merchant (1953: Hühnchen und Ratte), Friedmann

(1956, 1959, 1961, 1962, 1965, 1968, 1969: Hühnchen), Reinecke *et al.* (1960: Hühnchen), Friedmann und Bird (1967: Hühnchen), Iwai *et al.* (1967: Hund), Kitano *et al.* (1967: Hühnchen) sowie von van de Water und Ruben (1971: Maus) ausgeführt. Alle Untersuchungen ergaben, daß sich die isolierte Otocyste voll differenziert: Wachstum und Entwicklung waren gegenüber der in vivo-Entwicklung lediglich verzögert. Fermenthistochemisch war allerdings das Fehlen von Cholinesterase auffallend, wogegen 21 weitere Enzyme nachweisbar waren (McAlpine und Friedmann, 1963).

Nachdem Engström und Wersäll (1953: Meerschweinchen) als erste das Cortische Organ mit dem Elektronenmikroskop untersucht hatten, folgten zahlreiche weitere feinstrukturelle Studien am funktionsfähigen Gehörorgan (Lit. s. Spoendlin, 1966, 1970). Die Entwicklung des Cortischen Organs war erstmals 1965 Gegenstand elektronenmikroskopischer Untersuchungen, als Kikuchi und Hilding an jungen Mäusen feststellten, daß Sinneszellen, Stützzellen und afferente Synapsen bei der Geburt bereits vorhanden sind, während sich die Corti-Lymphräume erst am 6. Lebenstag und efferente Synapsen erst am 10. Lebenstag ausbilden. An Kaninchenfeten fanden Nakai und Hilding (1968) die Sinneshaare und die Kopfplatten der Sinneszellen bereits am 22. Entwicklungstag vor; Synapsen waren dagegen erst am 27. Entwicklungstag erkennbar. Vázquez-Nin und Sotelo (1968) beobachteten an Hühnerembryonen, die sie vom 3. bis zum 7. Entwicklungstag untersuchten, daß afferente Synapsen mit Synapsenstäbchen erst am 7. Entwicklungstag nachweisbar sind. Nach Studien von Hilding (1969) an Kaninchenfeten sowie an jungen Nerzen und Mäusen differenzieren sich aus dem Epithel der Basalplatte zuerst die Pfeilerzellen und erst später die Sinneszellen, an denen — noch später — die Synapsen auftreten.

Elektronenmikroskopische Untersuchungen am Cortischen Organ menschlicher Feten (5.–6. Monat) wurden von Nakai (1970) durchgeführt. In der Basalwindung waren Sinnes- und Stützzellen bereits im 5. Entwicklungsmonat, afferente Synapsen im 6. Entwicklungsmonat differenziert; dagegen waren die efferenten Synapsen und die Corti-Lymphräume zu dieser Zeit noch nicht vorhanden. Nakai sah im Auftreten der efferenten Synapsen den letzten entscheidenden Entwicklungsschritt des Cortischen Organs.

Lim und Lane (1969), Lim (1969) und Marovitz *et al.* (1970) untersuchten die Oberfläche des Cortischen Organs des Meerschweinchens mit dem Raster-Elektronenmikroskop. In einer mit dem gleichen Instrument ausgeführten Studie der postnatalen Entwicklung des Cortischen Organs der Katze fanden Lindeman *et al.* (1971) zur Zeit der Geburt den äußeren Rand der Tectorialmembran an der freien Oberfläche der Deitersschen Zellen befestigt. Bei sechs Wochen alten Tieren sowie bei adulten Katzen war dies nicht mehr der Fall. Ebenso war nur bei neugeborenen Tieren die apikale Oberfläche der Sinneszellen des Organs mit je einer Kinocilie versehen.

Die entwicklungsgeschichtlichen Studien am Cortischen Organ wurden durch Untersuchungen an pathologisch veränderten Objekten erweitert. Zunächst wurden Mäusestämme mit vererbter Taubheit untersucht (Gruneberg *et al.*, 1940; Truslove, 1956; Deol, 1956, 1963, 1964; Mikaelian und Ruben, 1964; Kikuchi und Hilding, 1965). Bei Shaker-1-Mäusen, bei denen nach Deol (1956) die Taubheit recessiv vererbt und von beiden Geschlechtern übertragen wird, tritt die Ertaubung erst bei drei Wochen alten Tieren ein. Mikaelian und Ruben (1964) untersuchten das Gehörorgan bei jungen Shaker-1-Mäusen elektrophysiologisch und lichtmikroskopisch. Sie fanden, daß bis zum Ende der 3. Lebenswoche das Aktionspotential des Hörnerven und die endocochleären Potentiale ableitbar waren; bis zu diesem Zeitpunkt war auch der Preyersche Ohrmuschelreflex auslösbar. In Übereinstimmung mit diesen Befunden ergaben sich bei der lichtmikroskopischen Untersuchung des Cortischen Organs bis zum 22. Lebenstag keine Abweichungen von der Norm. Elektronenmikroskopisch waren dagegen bei jungen Shaker-1-Mäusen bereits morphologische Veränderungen nachweisbar (Kikuchi und Hilding, 1965): eine verspätete Eröffnung der Corti-Lymphräume, degenerative Veränderungen an den Haarzellen ab dem 12.–17. Lebenstag und eine verspätete Entwicklung und zahlenmäßige Verminderung der efferenten Synapsen. Bei adulten Shaker-1-Mäusen waren dann weder Sinneszellen noch afferente oder efferente Synapsen auffindbar. — Auch beim Menschen wurden angeborene Formen von Taubheit beschrieben, wie das sog. „Cardio-Auditory-Syndrome" nach Jervell und Lange-Nielsen, das recessiv vererbt wird und bei dem eine Degeneration des Sinnesepithels in der Cochlea nachgewiesen wurde (Friedmann *et al.*, 1966, 1968).

Die Beobachtung von Gehörschäden bei Kindern, deren Mütter während der Schwangerschaft mit Streptomycin oder anderen Antibiotica behandelt worden waren (vgl. Grisanti und Restivo, 1967), gab Anlaß, diese Pharmaka in gezielten Experimenten einzusetzen. Friedmann und Bird (1961) untersuchten die sich differenzierende Otocyste des Hühnchens in vitro nach Zusatz verschiedener Antibiotica; sie fanden eine Schädigung der Mitochondrien der Sinneszellen mit Umwandlung in lamellierte oder multicystische Cytosomen oder in Myelinfiguren. Nur nach Gabe von Penicillin waren selbst bei hoher Dosierung keine Veränderungen wahrzunehmen. Um mögliche metabolische Veränderungen nach Antibioticabehandlung festzustellen, untersuchten McAlpine und Friedmann (1963) die sich entwickelnde Otocyste des Hühnchens in vitro mit fermenthistochemischen Methoden. Es ergaben sich keine Abweichungen der Fermentaktivitäten gegenüber unbehandelten Otocysten. Podvinec *et al.* (1967) stellten nach Streptomycinbehandlung gravider Ratten bei den neugeborenen Tieren irreversible Schäden der Zellen des Cortischen Organs fest. Die Ototoxizität von Natriumcyanid wies Friedmann (1972) an der sich differenzierenden Otocyste des Hühnchens in vitro nach. Dagegen fand Wright (1971) nach Infektion gravider Meerschweinchen mit Toxoplasma gondii bei den Feten keine Schädigung der Cochlea; er schloß damit Toxoplasmose als Ursache angeborener Taubheit auch beim Menschen aus. Ebenso soll nach lichtmikroskopischen Untersuchungen von Ingalls *et al.* (1957) bei der Maus Sauerstoffmangel keine nachteilige Auswirkung auf die Entwicklung des Cortischen Organs haben.

In jedem Fall setzt die Analyse pathologischer Abweichungen der Entwicklung des Cortischen Organs eine genaue Kenntnis des normalen Geschehens, auch im ultrastrukturellen Bereich und besonders auch hinsichtlich seines zeitlichen Ablaufs, voraus (vgl. Kikuchi und Hilding, 1965). Eine systematisch fortschreitende elektronenmikroskopische Untersuchung der komplexen Vorgänge bei der Entwicklung des Cortischen Organs stand bisher noch aus, so daß noch zahlreiche Fragen offen blieben. In der vorliegenden Arbeit werden an einer umfangreichen Reihe von genau datierten Meerschweinchenfeten mit dem Elektronenmikroskop die einzelnen Differenzierungsschritte untersucht, die von dem undifferenzierten Epithel der Basalplatte des Ductus cochlearis insgesamt zur Entwicklung des kompliziert gebauten Cortischen Organs führen. Insbesondere wer-

den verfolgt: am apikalen Pol der Sinneszellen die Ausbildung der Sinneshaare
und der Kopfplatten, am basalen Pol der Sinneszellen das Auftreten der synaptischen Kontakte mit neuronalen Fortsätzen, ferner die Ultrastruktur jener Vorgänge, die zur Eröffnung der Corti-Lymphräume führen.

Material und Methoden

Untersuchungsgut

Für elektronenmikroskopische Studien am Cortischen Organ ist das Meerschweinchen
als Untersuchungsobjekt besonders geeignet, weil bei ihm die Cochlea in das Cavum
tympani vorgewölbt und daher besonders gut zugänglich ist. (Hingegen ist z.B. bei Katze,
Ratte und Maus die in der Tiefe des Felsenbeins verborgene Cochlea weit schwerer erreichbar.)

a) Bedingungen zur Gewinnung datierter Feten. Die Tragzeit des Meerschweinchens zeigt
mit 58–72 Tagen — nach den Angaben des Schrifttums (Koch und Heim, 1955; Romeis,
1968) sowie nach eigenen Beobachtungen — eine beträchtliche Schwankungsbreite. So ist
z.B. bei großen Würfen die Tragzeit kürzer als bei Würfen mit wenigen Jungen. Im Gegensatz zu Ratte und Maus, die als Nesthocker taub geboren werden und bei denen die Entwicklung des Cortischen Organs erst post natum zum Abschluß gelangt (Wada, 1923; Weibel,
1957), wird das Meerschweinchen als Nestflüchter mit vollständig entwickeltem und funktionsfähigem Gehörorgan geboren (vgl. Chodynicki, 1968).

Zur Ermittlung des Befruchtungstermins bedienten wir uns zunächst der von Wüstenfeld
(1969) und Kaufmann (1969) im Anatomischen Institut der Universität Würzburg angewandten Methode: Beim Meerschweinchen kommt es meist unmittelbar post partum zu einer
erneuten Konzeption. Wir verwendeten daher Muttertiere, zu denen wir sofort im Anschluß
an einen Wurf für einige Stunden einen Bock setzten. Durch regelmäßige Kontrollen von
Gewicht und Bauchumfang des Muttertieres wurde festgestellt, ob eine erneute Gravidität
bestand.

Bei der Beobachtung unserer Tiere fiel uns an nicht trächtigen Weibchen in regelmäßigem
Zeitabstand von 15–18 Tagen ein besonderes Verhalten auf: Sie geben in kurzen Zeitabständen
ein schnurrendes Geräusch von sich und versuchen manchmal auch, andere Weibchen zu bespringen. Nach den Angaben der Literatur (u.a. Stockard und Papanicolaou, 1917; Romeis,
1968) dauert beim Meerschweinchen der Brunstzyklus 15–18 Tage. Tatsächlich ist das ge-
schilderte Verhalten Ausdruck des Oestrus: Nur Weibchen, die dieses Verhalten zeigen,
lassen sich von einem zugegebenen Bock bespringen und werden dann meistens auch trächtig.
Dank dieser Beobachtung war es uns möglich, auch von erstmals trächtigen Weibchen genau
datierte Feten zu gewinnen. Wie wir später feststellten, hat bereits Draper (1920) auf diese
Weise beim Meerschweinchen Feten bekannten Entwicklungsalters erhalten.

b) Maße und Gewichte der Feten. In Tabelle 1 sind Scheitel-Steiß-Länge und Gewicht
von 285 Meerschweinchenfeten bekannter Tragzeit von insgesamt 84 Muttertieren des Pir-
bright-Stammes eigener Zucht (bezogen aus der Versuchstierzuchtanstalt Bäumler, Wolfrats-
hausen) zusammengestellt. Für die vorliegenden Untersuchungen wurden verwendet: 84 Cochleae von Feten vom 36. bis zum 63. Entwicklungstag, 6 Cochleae von neugeborenen Tieren
(sämtliche Pirbright-Stamm) und 10 Cochleae von vier bis sechs Wochen alten Meerschweinchen aus unbekannter Zucht (vom Tierhändler bezogen).

Untersuchungsmethoden

In kombinierter Nembutal-Äther-Narkose der Muttertiere wurden die Feten durch
Kaiserschnitt gewonnen und nach Bestimmung der Scheitel-Steiß-Länge und des Gewichts
durch einen Scherenschlag dekapitiert. Die jungen Tiere wurden in Nembutal-Narkose
dekapitiert. Halbieren des Kopfes durch einen Medianschnitt. Freilegung der Bulla tym-
panica durch Entfernen des Unterkieferastes und der Kaumuskulatur; Wegnahme ihrer bei
frühen Stadien häutigen, später knöchernen Außenwand, wodurch die in das Cavum tympani
vorgewölbte Cochlea sichtbar wird. Um das Eindringen der Fixierungsflüssigkeiten zu er-
leichtern, wurden die Perilymphräume der Schnecke (mit freiem Auge oder unter einem
Zeiss-Operationsmikroskop OPM II) eröffnet: die Scala vestibuli durch Entfernung des Steig-

Tabelle 1. Länge und Gewicht genau datierter Meerschweinchenfeten des Pirbright-Albino-Stammes

Entwicklungstag	Anzahl der Feten	Scheitel-Steiß-Länge (cm)		Gewicht (g)	
		Streuung	Mittel	Streuung	Mittel
34.	7	3,0– 3,8	3,4	3,0– 5,0	4,3
35.	11	3,0– 4,0	3,4	4,0– 5,0	4,7
36.	9	3,7– 4,6	4,0	5,0– 6,5	5,5
37.	12	3,9– 4,9	4,4	5,5– 8,0	6,8
38.	14	4,4– 5,0	4,7	7,0–11,5	9,0
39.	8	4,4– 5,1	4,7	8,1–12,0	10,0
40.	7	5,1– 5,6	5,4	9,0–12,0	10,9
41.	14	4,9– 6,0	5,6	10,5–15,0	13,1
42.	16	5,1– 6,4	5,9	10,0–17,0	14,4
43.	17	5,6– 7,0	6,4	13,5–20,5	17,5
44.	8	6,3– 7,3	6,7	15,5–21,0	19,2
45.	20	5,8– 7,7	6,7	19,5–23,2	21,2
46.	7	5,5– 7,3	6,5	17,5–26,5	23,1
47.	11	6,8– 7,9	7,3	22,0–28,5	26,0
48.	15	7,1– 8,4	7,7	25,0–35,5	29,6
49.	13	6,6– 8,6	7,7	27,5–34,5	32,5
50.	32	6,7– 9,0	8,1	26,5–43,0	36,5
51.	12	7,5– 8,9	8,3	30,5–47,5	39,8
52.	2	8,7– 9,0	8,9	44,5–51,5	48,0
54.	4	8,8– 9,7	9,2	44,5–47,5	45,8
55.	2	8,4– 9,2	8,8	48,5–53,0	50,8
56.	11	8,3–10,1	8,9	40,0–64,0	46,1
57.	2	9,5– 9,7	9,6	61,0–73,0	67,0
58.	8	9,3–10,1	9,7	58,5–67,5	63,3
59.	6	7,8– 8,8	8,2	40,0–55,0	48,0
60.	9	8,2–10,8	9,5	54,5–86,0	67,1
62.	1	10,9		85,0	
63.	4	10,2–10,8	10,6	76,5–85,5	80,7
64.	2	8,7– 9,2	9,0	75,0–90,0	82,5
67.	1	11,2		130,0	

bügels aus dem ovalen Fenster, die Scala tympani durch Durchstoßung der das runde Fenster verschließenden Membrana tympani secundaria, das Helicotrema an der Schneckenspitze. Trennung der Cochlea vom übrigen Felsenbein. — Fixieren in Glutaraldehyd (6,25%, Phosphatpuffer pH 7,4, bei 4° C 12 Std bis 3 Tage); Auswaschen in Phosphatpuffer; Nachfixierung in Osmiumtetroxidlösung (1%, Veronalacetatpuffer pH 7,2, bei 4° C 2 Std). Nach Auswaschen in Veronalacetatpuffer Entwässerung in der Alkoholreihe und Einbettung über Propylenoxid in Epon 812 (Luft, 1961) in flachen Blechdosen; Verhältnis der Ausgangsgemische A:B = 7:3. Polymerisation je 24 Std bei 35 und 45 und 36 Std bei 60° C.

Von dem eine Cochlea enthaltenden Blöckchen wurde mit Feile und Mikrotom so lange Material abgetragen, bis ein gut axial orientierter Mikrotomschnitt erhalten wurde. Phasenoptische Auswahl des radiären Profils einer Windung für das Zuschneiden für die Ultramikrotomie; bei frühen Stadien enthielt die zugeschnittene Fläche den Querschnitt des gesamten Ductus cochlearis, bei späteren nur das Cortische Organ. Herstellung von Dünnschnitten von 600–800 Å Dicke mit einem LKB-Ultramikrotom „Ultrotome I" und abschließend eines Semidünnschnittes von 1–2 μm Dicke für die lichtmikroskopische Beobachtung. Kontrastierung der Dünnschnitte mit Uranylacetat, z.T. zusätzlich mit Bleicitrat (Reynolds, 1963). Elektronenmikroskopische Untersuchung der Dünnschnitte in einem Siemens-Elektronenmikroskop „Elmiskop I" bei 60 kV Strahlspannung. — Phasenoptische Untersuchung der Semidünnschnitte — meist nach Anfärbung mit Paraphenylendiamin (Estable-Puig et al., 1965) — in einem Zeiss-Photomikroskop II.

In der vorliegenden Arbeit sind sämtliche licht- und elektronenmikroskopischen Aufnahmen so orientiert, als würde man auf das Profil einer links vom Modiolus befindlichen Cochleawindung blicken, d.h. die Richtung nach rechts ist (medial) der Schneckenachse (Modiolus), die Richtung nach links (lateral) der Außenseite der Schnecke zugewandt.

Abkürzungen in Abbildungen

Zellen: HEZ Hensensche Zelle, HZ Haarzelle, PhZ Phalangenzelle, PZ Pfeilerzelle, StZ Stützzelle, ä äußere, i innere.

Zellbestandteile: B Synapsenstäbchen („synaptic bar"), KC Kinocilie, KPl Kopfplatte, Mi Mitochondrion, MiT Mikrotubuli, MiV Mikrovilli, Mr „Membrana reticularis", rER rauhes endoplasmatisches Reticulum, SH Sinneshaar.

Corti-Lymphräume: iT innerer Tunnel, NR Nuelscher Raum, äT äußerer Tunnel.

Membranen: BM Basilarmembran, MT Membrana tectoria.

Befunde

1. Das voll entwickelte Cortische Organ

Vor der Darstellung seiner Differenzierung soll das vollständig entwickelte Cortische Organ (3. Windung) eines Meerschweinchens am Tag der Geburt geschildert werden (Abb. 1: Schema nach Originalpräparat):

Die Haarzellen (Sinneszellen), die in je einer inneren und drei (ganz ausnahmsweise vier) äußeren Reihen angeordnet sind, besitzen an ihrem apikalen Pol, dem Receptorpol, Kopfplatte (Cuticularplatte) und Sinneshaare (Stereocilien); an ihrem basalen Pol finden sich synaptische Kontakte mit neuronalen Fortsätzen. Jede Sinneszelle ruht, entfernt von der Basilarmembran, mit ihrer Basis auf einer Phalangenzelle. Jede Phalangenzelle sendet lateral neben der ihr aufsitzenden Haarzelle einen schmalen Cytoplasmafortsatz (Phalanx) zur Organoberfläche; dieser Fortsatz verläuft nicht parallel zur Achse der Haarzelle, sondern etwas in der Anstiegsrichtung der Schnecke von dieser abweichend. Daher erreicht die Phalanx an der Oberfläche den apikalen Pol der nächsten oder übernächsten Haarzelle. Die Fortsätze der äußeren Phalangenzellen (Deitersschen Zellen) sind etwas breiter als die der inneren Phalangenzellen; daher liegt die innere Haarzelle streckenweise der inneren Pfeilerzelle unmittelbar an. In medialer Richtung folgen die inneren Grenzzellen, die den Sulcus spiralis internus auskleiden. Die innere Phalangenzelle und die inneren Grenzzellen werden gemeinsam als innere Stützzellen bezeichnet.

Im apikalen Bereich sind alle Zellen durch desmosomenartige Verdickungen ihrer Plasmalemmata miteinander verbunden, die in ihrer Gesamtheit als „Membrana reticularis" bezeichnet werden. Unter diesem geschlossenen Abschluß gegen die Lichtung des Ductus cochlearis befindet sich zwischen der äußeren und der inneren Pfeilerzelle der innere Tunnel. Beide Pfeilerzellen erstrecken sich von der Basilarmembran bis zur Epitheloberfläche. Die innere Pfeilerzelle verbindet sich in der Membrana reticularis mit der inneren Haarzelle, der inneren Phalangenzelle und der ersten äußeren Haarzelle, während sich die äußere Pfeilerzelle mit ihrem apikalen Teil dem Kopfbereich der inneren Pfeilerzelle von unten anlegt, mit zwei nach lateral gerichteten Fortsätzen den apikalen Pol der ersten äußeren Haarzelle umfaßt und sich in der Membrana reticularis mit der ersten

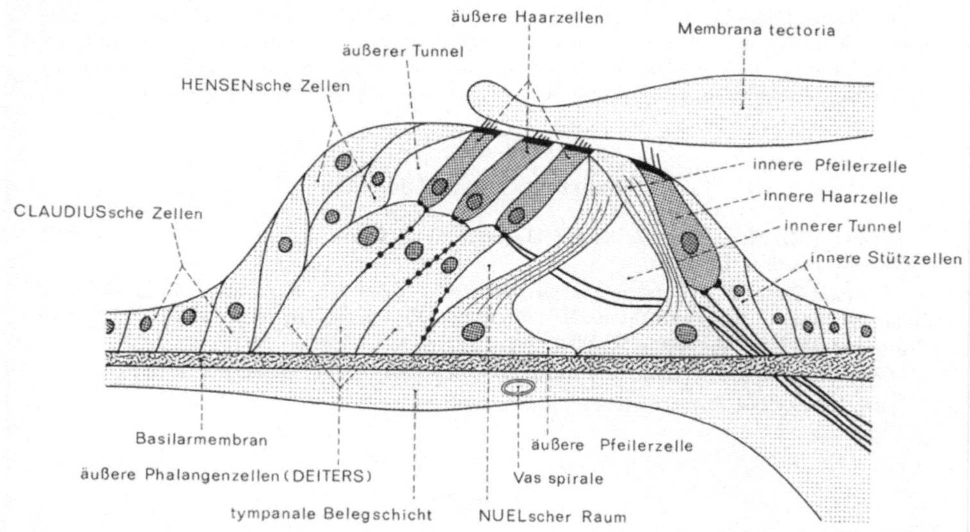

Abb. 1. *Voll entwickeltes Cortisches Organ* (1. Lebenstag, 3. Windung). Das vereinfachte Schema wurde nach Abb. 3b gezeichnet

und zweiten äußeren Haarzelle sowie der ersten äußeren Phalangenzelle verbindet.

Zwischen der äußeren Pfeilerzelle und der ersten äußeren Haarzelle bzw. der ersten äußeren Phalangenzelle findet sich der Nuelsche Raum, der sich nach lateral zwischen die äußeren Haarzellen und die äußeren Phalangenzellen erstreckt. Der äußere Tunnel wird von der dritten äußeren Haarzelle, der dritten äußeren Phalangenzelle und von den Hensenschen Zellen begrenzt. Diese 3 Corti-Lymphräume kommunizieren miteinander zwischen den äußeren Pfeiler-, äußeren Haar- und äußeren Phalangenzellen; sie bilden somit ein zusammenhängendes, von Corti-Lymphe erfülltes Hohlraumsystem. Durch die Corti-Lymphräume ziehen neuronale Fortsätze, die teils in radiärer Richtung verlaufen (Orthoneurone nach von Ebner, 1899), teils in spiraliger Anordnung der Windung der Cochlea folgen (Spironeurone nach von Ebner).

Nach lateral schließen an die Hensenschen Zellen die isoprismatischen Claudiusschen Zellen an, die den Sulcus spiralis externus begrenzen. Die Membrana tectoria erstreckt sich vom Limbus spiralis nach lateral bis zu den Hensenschen Zellen; häufig ist sie in den Präparaten artifiziell abgehoben. Unter der Basilarmembran finden sich die mesenchymalen Zellen der tympanalen Belegschicht, die die Scala tympani auskleiden, sowie das Vas spirale.

2. Lichtmikroskopische Befunde
bei der Entwicklung des Ductus cochlearis

Die Cochlea des Meerschweinchens hat $4^1/_2$ Windungen. Am 36. Entwicklungstag sind diese bereits angelegt. Die Differenzierung des Epithels des Ductus cochlearis beginnt an der Schneckenbasis und schreitet spitzenwärts fort. Daher sehen wir bis gegen Ende der 8. Entwicklungswoche (54.–56. Entwicklungstag) in einer

14

Cochlea in der Basalwindung, der zweiten, dritten, vierten und der (halben) Spitzenwindung jeweils verschiedene Entwicklungsstadien nebeneinander (vgl. Abb. 2a u. b). Später sind diese Unterschiede weitgehend ausgeglichen. Es ist schwierig, genau anzugeben, mit welcher Geschwindigkeit das Auftreten einzelner Merkmale von der Schneckenbasis zur Spitze fortschreitet, da die individuelle Schwankungsbreite für das Auftreten eines Merkmals in der Basalwindung mehrere Tage betragen kann. Im folgenden wird bei allen Feststellungen neben dem Entwicklungstag auch die Windung angegeben.

Bei einem Teil der Objekte werden im Epithel der Basalplatte kleine vacuolenartige Aufhellungen, besonders unter der inneren Haarzelle, wahrgenommen, bei anderen nicht. Dieser Befund, der in der Diskussion (S. 80) zu erörtern ist, wird in abgekürzter Form wiedergegeben: V+ bzw. V—.

36. Entwicklungstag

4. Windung. Der Ductus cochlearis zeigt im Querschnitt eine annähernd ovale Lichtung, in die die (ca. 150 μm breite) Basalplatte (Weibel, 1957) basal medial vorspringt (Abb. 2a). Das ihn auskleidende Epithel ist im Bereich der Basalplatte mehrreihig hochprismatisch, in den übrigen Bezirken deutlich niedriger, einschichtig iso- bis hochprismatisch. Im Epithel der Basalplatte finden sich einzelne Mitosen. Eine Differenzierung der Epithelzellen in Sinnes- und Stützzellen ist noch nicht nachweisbar. Der Epithelverband ist auf diesem Entwicklungsstadium noch völlig geschlossen; von den später die Corti-Lymphe enthaltenden Räumen zwischen den Epithelzellen ist noch keine Andeutung zu sehen. Die Membrana tectoria liegt dem medialen Teil der Basalplatte als sehr dünne Schicht auf. Der Ductus cochlearis ist allseits von Mesenchym umgeben. Die Scala vestibuli und die Scala tympani sind noch nicht angelegt. Die noch sehr dünne Basilarmembran zwischen der Basalplatte und dem sie unterlagernden Mesenchym ist lichtmikroskopisch bereits erkennbar (V—).

In der *3. Windung* hat beim gleichen Tier bereits die Umgestaltung der Lichtung des Ductus cochlearis zur Dreiecksform begonnen (Abb. 2b). Medial ist ein Winkel zwischen dem einschichtigen isoprismatischen Epithel der künftigen Reissnerschen Membran und dem basalen Epithel des Ductus cochlearis entstanden. Das basale Epithel ist im Bereich dieses Winkels einschichtig isoprismatisch. Unter diesem Epithel liegt medial neben der Basalplatte als erste Anlage des Limbus spiralis eine Ansammlung großer Mesenchymzellen. Die 160 μm breite Basalplatte hat sich in einen größeren medialen und einen kleineren lateralen Epithelwulst differenziert. Die Zellkerne aller Epithelzellen haben hochgestellt längliche Form. Im großen Wulst liegen die Zellkerne größtenteils im basalen Bereich des Epithels. Die Membrana tectoria bedeckt den großen Epithelwulst. Das Mesenchym oberhalb des Ductus cochlearis lockert sich zunehmend auf, während im reich kapillarisierten Mesenchym unterhalb des Ductus cochlearis eine Auflockerung gerade erst beginnt (V+).

37. Entwicklungstag

3. Windung. Im Epithel der beiden Wülste sind Sinnes- und Stützzellen erstmals unterscheidbar (Abb. 2c): Im kleinen Epithelwulst finden sich die drei äußeren Haarzellen, die den äußeren Phalangenzellen (Deiters) aufsitzen; ganz

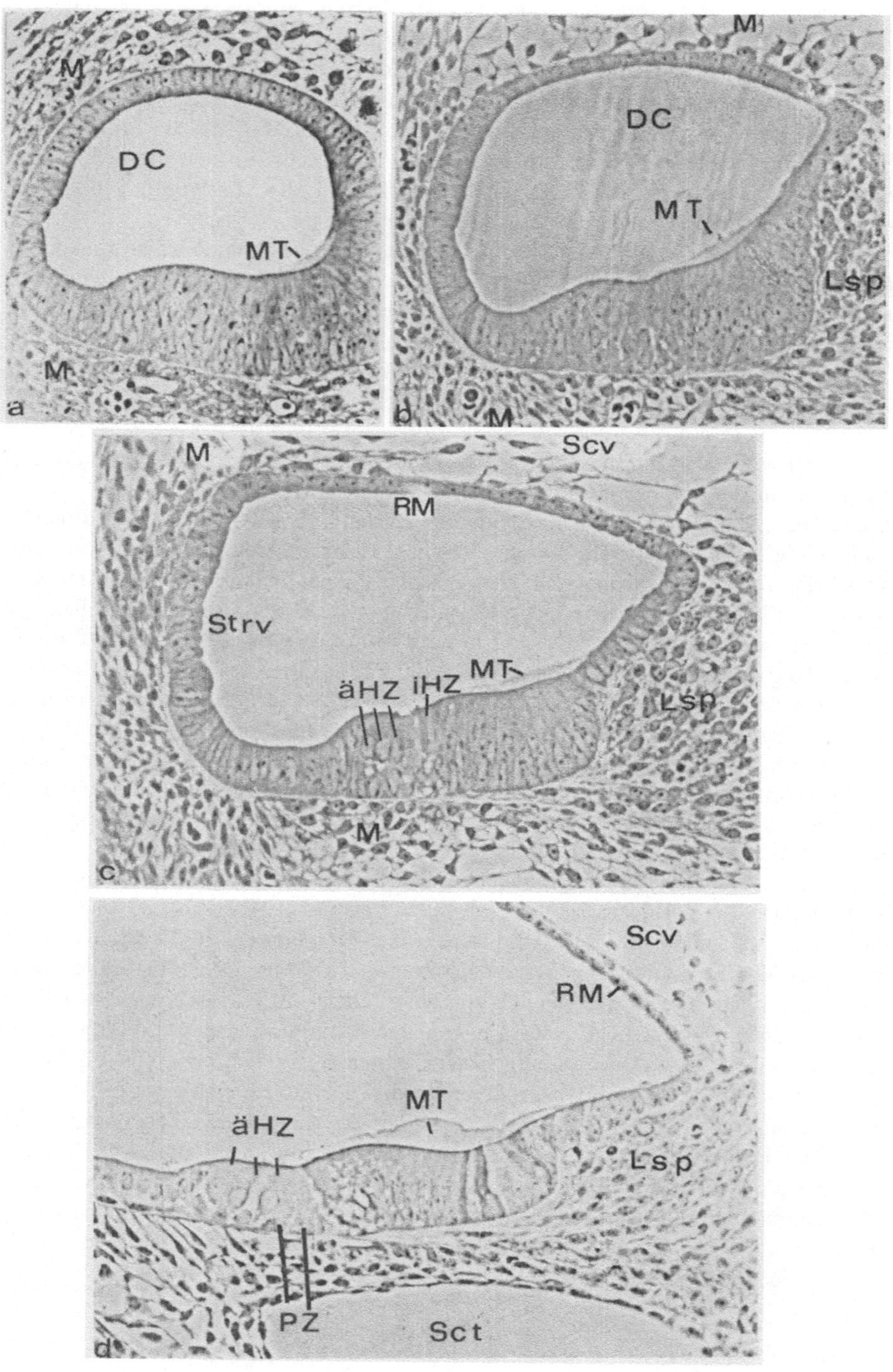

Abb. 2. (a) *Ductus cochlearis, undifferenziert* (36. Entwicklungstag, 4. Windung). Die Basialplatte zeigt lediglich eine geringe Verdickung; ihrem medialen Teil liegt die Membrana tectoria auf. *DC* Ductus cochlearis, *M* Mesenchym. Paraphenylendiamin. Phasenkontrast. 250:1. (b) *Beginnende Differenzierung der Basialplatte* (36. Entwicklungstag, 3. Windung),

lateral liegen die Hensenschen Zellen. Im lateralen Teil des großen Epithelwulstes erkennt man die innere Haarzelle; auch sie erreicht die Basilarmembran nicht, sondern ist von den inneren Stützzellen umgeben. Das Epithel ist also jetzt stellenweise „mehrschichtig" geworden. Am apikalen Pol der Sinneszellen sind erstmals Sinneshaare erkennbar. Der lateral (unter den Claudiusschen Zellen) gelegene Abschnitt der Basilarmembran beginnt sich zu verbreitern. Die lumenwärts von einschichtigem hochprismatischem Epithel begrenzte mesenchymale Anlage des Limbus spiralis (medial vom großen Epithelwulst) setzt sich deutlicher ab. Die Bildung der Scala vestibuli ist durch Auseinanderrücken der Mesenchymzellen weiter fortgeschritten, ebenso — in geringerem Maße — auch die der Scala tympani. An der lateralen Wand des Ductus cochlearis (Stria vascularis) ist die Prominentia spiralis erstmals als leichter Vorsprung in das Lumen erkennbar (in 2 Objekten V+).

38. Entwicklungstag

4. Windung. Keine nennenswerten Veränderungen gegenüber dem Befund am 36. Entwicklungstag. An den Epithelzellen der Basialplatte werden noch einzelne Mitosen beobachtet (in 2 Objekten V—).

3. Windung. Der Querschnitt des Ductus cochlearis nähert sich weiter der Dreiecksform. Im medialen Wulst liegen die Zellkerne in den basalen zwei Dritteln des Epithels. Die Mesenchymauflockerung ober- und unterhalb des Ductus cochlearis ist gegenüber dem einen Tag jüngeren Stadium nicht nennenswert fortgeschritten (V—).

2. Windung. Die Lichtung des Ductus cochlearis hat Dreiecksform angenommen. In der (ca. 160 µm breiten) Basialplatte erkennt man erstmals die beiden Pfeilerzellen. Sie liegen an der Grenze zwischen den beiden Wülsten, sitzen der Basilarmembran auf und reichen bis zur Oberfläche des Epithels. Ihre basal gelegenen Zellkerne sind weiterhin hochgestellt wie auch die Kerne der übrigen Stützzellen. Dagegen haben die Zellkerne der Haarzellen jetzt kugelige Form. Die Membrana tectoria erstreckt sich (mit einer verdickten Partie über dem medialen Wulst) vom Epithel des Limbus spiralis bis zu den äußeren Haarzellen. Der mesenchymale Limbus spiralis hat sich, ebenso wie seine epitheliale Bedeckung, in radiärer Richtung weiter ausgedehnt. Die Scala vestibuli ist weit-

gleiches Tier wie bei (a). Die Basialplatte ist bereits in einen größeren medialen und einen kleineren lateralen Epithelwulst differenziert. Dem medialen Wulst liegt die Membrana tectoria auf. *DC* Ductus cochlearis, *Lsp* mesenchymale Anlage des Limbus spiralis, *M* Mesenchym (oberhalb des Ductus cochlearis bereits aufgelockert). Phasenkontrast. 250:1. (c) *Basialplatte, beginnende Zelldifferenzierung* (37. Entwicklungstag, 3. Windung). Die innere und die drei äußeren Haarzellen sind im oberen Bereich des Epithels bereits unterscheidbar. *Strv* Stria vascularis, *RM* Reissnersche Membran, *Lsp* Limbus spiralis, *M* Mesenchym (in der künftigen Scala tympani etwas, in der künftigen Scala vestibuli *Scv* sehr stark aufgelockert). Paraphenylendiamin. Phasenkontrast. 250:1. (d) *Basialplatte, fortschreitende Zelldifferenzierung, beginnende Einsenkung des Sulcus spiralis internus* (47. Entwicklungstag, 4. Windung). Unter den Haarzellen sind die Phalangenzellen (nicht bezeichnet), zwischen den beiden Epithelwülsten die Pfeilerzellen zu sehen. Unter der Membrana tectoria kündigt die Eindellung der Oberfläche im medialen Teil des großen Epithelwulstes die Entstehung des Sulcus spiralis internus an. Die Reissnersche Membran *RM* ist schmäler geworden. *Scv* Scala vestibuli, *Sct* Scala tympani, *Lsp* Limbus spiralis. Phasenkontrast. 250:1

gehend, die Scala tympani erst zum Teil eröffnet. Die Reissnersche Membran läßt bereits zwei Zellagen erkennen: eine isoprismatische epitheliale, die hier die niedrigste Auskleidung des Ductus cochlearis bildet, und eine mesenchymale auf der Seite der Scala vestibuli. Nur stellenweise liegen der letztgenannten Schicht noch weitere Mesenchymzellen an. An der lateralen Wand des Ductus cochlearis tritt die Prominentia spiralis jetzt deutlicher hervor (V+).

Basalwindung. Die basal gelegenen Zellkerne der Pfeilerzellen wie auch die der Deitersschen Zellen haben anstelle der ovoiden kugelige Form angenommen, während die Hensenschen, die Claudiusschen und die Zellen des großen Epithelwulstes weiterhin längliche Zellkerne besitzen. Die Membrana tectoria erstreckt sich jetzt etwa von der Mitte des den Limbus spiralis bedeckenden hochprismatischen Epithels nach lateral bis zu den Hensenschen Zellen. Die Mesenchymlücken unterhalb der Basilarmembran konfluieren zusehends zur späteren Scala tympani (in 2 Objekten V+).

39. Entwicklungstag

4. Windung. Kein nennenswerter Fortschritt in der Entwicklung der Basialplatte. Die Sinneshaare sind noch nicht erkennbar. Dagegen hat die Mesenchymauflockerung ober- und unterhalb des Ductus cochlearis gegenüber dem einen Tag und dem drei Tage jüngeren Stadium deutlich zugenommen (V+).

3. Windung. Kein Unterschied bezüglich der Entwicklung der Basialplatte, der Bildung der Scalae und der Struktur der Reissnerschen Membran gegenüber der 2. Windung am 38. Entwicklungstag (V+).

2. Windung. Der Querschnitt durch den Ductus cochlearis hat seine endgültige Dreiecksform angenommen. Die Scala vestibuli ist vollständig, die Scala tympani weitgehend eröffnet (V+).

40. Entwicklungstag

3. Windung. Kein nennenswerter Fortschritt der Entwicklung (in 2 Objekten V+).

2. Windung. Die Basialplatte mißt jetzt in radiärer Richtung ca. 200 µm. Die Reissnersche Membran besteht aus zwei platten Zellagen: einer epithelialen und einer mesenchymalen. Die Bildung der Scala tympani ist weiter fortgeschritten (V+).

Basalwindung. Keine nennenswerten Veränderungen gegenüber dem zwei Tage jüngeren Stadium (in 2 Objekten V+).

41. Entwicklungstag

4. Windung. Das Entwicklungsstadium entspricht dem der 3. Windung am 39. und 40. Entwicklungstag und dem der 2. Windung am 38. Entwicklungstag. Die Sinneshaare sind jetzt auch in der 4. Windung erkennbar (in 2 Objekten V−).

3. Windung. Der Aspekt ähnelt sehr dem der 2. Windung am 40. Entwicklungstag (in 2 Objekten V+, in 2 weiteren Objekten V−).

2. Windung. Das Entwicklungsstadium zeigt weitgehende Übereinstimmung mit dem Bild der Basalwindung am 38. und 40. Entwicklungstag (in 3 Objekten V+).

Basalwindung. Bei zwei der drei untersuchten Objekte ist die Scala tympani fast vollständig eröffnet. Sonst entspricht das Bild dem der gleichen Windung am 38. und 40. Entwicklungstag (in 3 Objekten V+).

42. Entwicklungstag

Spitzenwindung. Der Anschnitt des Ductus cochlearis ist noch nicht wesentlich verschieden von dem der 4. Windung am 36. Entwicklungstag (Abb. 2a). Die (ca. 150 μm breite) Basalplatte ist noch nicht in einen medialen und einen lateralen Wulst gegliedert. Sinnes- und Stützzellen sind noch nicht unterscheidbar. Die Membrana tectoria bedeckt als sehr dünne Schicht nur den medialen Teil der Basalplatte. Die Basilarmembran ist gleichfalls sehr dünn. Oberhalb des Ductus cochlearis ist der Mesenchymverband bereits etwas aufgelockert, während unterhalb von ihm dieser Vorgang erst beginnt. Medial neben der Basalplatte fällt ein verdichteter Mesenchymbezirk auf (V+).

4. Windung. Der Querschnitt durch den Ductus cochlearis hat dreieckige Form. Die Scala vestibuli ist weitgehend, die Scala tympani teilweise eröffnet (in 2 Objekten V+).

3. Windung. Die Zellkerne der Claudiusschen Zellen haben jetzt kugelige Form, so daß auf dieser Entwicklungsstufe nur mehr die Zellkerne der Hensenschen Zellen und der Stützzellen im großen Epithelwulst länglich sind. Die Basilarmembran hat weiter an Dicke zugenommen. Die Mesenchymauflockerung unterhalb der Basilarmembran ist gegenüber der 4. Windung fortgeschritten (in 2 Objekten V−).

2. Windung. Im medialen Teil des großen Epithelwulstes ist eine leichte Eindellung der Oberfläche nachweisbar. Die Membrana tectoria hat etwas an Dicke zugenommen. Das Mesenchym greift — vor allem in dem der Basalplatte anliegenden Bezirk — in Form schmaler Leisten, der „Huschkeschen Gehörzähne", zwischen die basalen Anteile der den Limbus spiralis bedeckenden hochprismatischen Epithelzellen; die an den Ductus cochlearis grenzenden apikalen Anteile der Epithelzellen liegen dagegen weiterhin dicht nebeneinander. Die Eröffnung der Scala tympani ist nahezu abgeschlossen (in 2 Objekten V+).

Basalwindung. Die Eindellung des medialen Teiles der Oberfläche des großen Epithelwulstes ist deutlich erkennbar (V−).

43. Entwicklungstag

3. Windung. Weitgehende Übereinstimmung mit dem Bild am 42. Entwicklungstag (V+).

2. Windung. Auch hier ist eine Einsenkung am medialen Teil der Oberfläche des großen Epithelwulstes erkennbar. Die Membrana tectoria hat weiterhin an Dicke zugenommen (V+).

44. Entwicklungstag

3. Windung. Das Entwicklungsstadium entspricht dem der 2. Windung am 43. Entwicklungstag. Die Basalplatte mißt in radiärer Richtung ca. 200 μm (V+).

45. Entwicklungstag

Spitzenwindung. Der Querschnitt des Ductus cochlearis hat erst jetzt auch in der Spitzenwindung dreieckige Gestalt. Ferner ist die Basialplatte in einen größeren medialen und einen kleineren lateralen Epithelwulst gegliedert, doch ist die Eindellung der Oberfläche im medialen Bereich des großen Epithelwulstes erst angedeutet. Jetzt sind auch in der Spitzenwindung Sinnes- und Stützzellen unterscheidbar. Am apikalen Pol der Sinneszellen sind die Sinneshaare erkennbar. Die Scala vestibuli ist vollständig, die Scala tympani weitgehend eröffnet (V+).

4. Windung. Die Basialplatte mißt nunmehr in radiärer Richtung ca. 200 μm. Der große Epithelwulst ist ca. 50 μm, der kleine Wulst ca. 45 μm hoch. Die Eindellung der Oberfläche im medialen Bereich des großen Wulstes ist gut sichtbar. Nur die Stützzellen des großen Epithelwulstes besitzen noch ovoide Zellkerne; die Zellkerne aller übrigen Stützzellen haben — wie die der Sinneszellen — kugelige Form. Die Scala vestibuli ist vollständig, die Scala tympani weitgehend eröffnet (V+).

3. Windung. Annähernd gleicher Befund wie bei der 4. Windung (in 4 Objekten V+).

2. Windung. Die Scala tympani ist fast vollständig eröffnet (V+).

46. Entwicklungstag

4. und 3. Windung. Kein bemerkenswerter Unterschied gegenüber dem Befund am 45. Entwicklungstag (in beiden Objekten V+).

2. Windung. Die Basialplatte hat an Breite zugenommen und mißt jetzt in radiärer Richtung ca. 230 μm (in 2 Objekten V+).

47. Entwicklungstag

4. Windung. Die Einsenkung des medialen Teiles der Oberfläche des großen Epithelwulstes ist deutlich erkennbar (Abb. 2d). Die beiden Pfeilerzellen sitzen der Basilarmembran breit auf. An den Epithelzellen des großen Wulstes fällt teils sehr helles, teils ziemlich dunkles Cytoplasma auf. Die Membrana tectoria erscheint besonders in dem über dem großen Wulst gelegenen Teil verdickt. Die Scala tympani ist weitgehend eröffnet (V+).

3. Windung. Das Bild entspricht im wesentlichen dem der 4. Windung (V+).

48. Entwicklungstag

3. Windung. An der Stelle, die in vorausgehenden Stadien als Eindellung der Oberfläche des medialen Wulstes beschrieben wurde, hat sich — offenbar in sehr kurzer Zeit — der Sulcus spiralis internus gebildet. Er wird von einem einschichtigen isoprismatischen Epithel begrenzt. Das Cortische Organ und der Sulcus spiralis internus messen in radiärer Richtung zusammen ca. 250 μm. Die Scala tympani ist jetzt auch in der 3. Windung fast vollständig eröffnet; unter der Basilarmembran findet sich nur noch eine dünne Mesenchymschicht (V+).

2. Windung. Das Cortische Organ und der Sulcus spiralis internus sind hier zusammen ca. 260 μm breit. Die Scala tympani ist vollständig eröffnet — neun Tage später als die Scala vestibuli in der gleichen Windung (in 2 Objekten V+).

Basalwindung. Von den beiden untersuchten Objekten zeigt das eine keinen
wesentlichen Unterschied gegenüber der 2. Windung. Während in diesem Objekt
noch keine Corti-Lymphräume wahrnehmbar sind, sind im anderen Objekt der
innere Tunnel und der Nuelsche Raum in Höhe des supranucleären Bereiches
der Pfeilerzellen bereits als breite Spalträume zu sehen. Auch die Räume zwischen den äußeren Haarzellen und den Deitersschen Zellen sowie der äußere
Tunnel sind als schmale Spalträume zu beobachten. Durch den inneren Tunnel
und den Nuelschen Raum ziehen — lichtmikroskopisch erkennbar — neuronale
Fortsätze. Der lateral gelegene (dickere) Abschnitt der Basilarmembran reicht
jetzt weiter nach medial (bis unter die Deitersschen Zellen) (in 2 Objekten V+).

49. Entwicklungstag

2. Windung. Die Corti-Lymphräume sind im vorliegenden Objekt noch nicht
eröffnet. Die Claudiusschen Zellen besitzen jetzt isoprismatische Gestalt (V+).

Basalwindung. Es sind keine nennenswerten Unterschiede gegenüber der 2.
Windung feststellbar; die Corti-Lymphräume sind auch hier noch nicht eröffnet
(in 3 Objekten V+).

50. Entwicklungstag

4. Windung. Der Sulcus spiralis internus ist gebildet; er wird von einem einschichtigen isoprismatischen Epithel bedeckt. Das Cortische Organ und der Sulcus
spiralis internus sind zusammen ca. 260 µm breit. Der innere Tunnel und der
Nuelsche Raum sind in Höhe des supranucleären Bereiches der Pfeilerzellen als
schmale Spalträume erkennbar. Ebenso sieht man schmale Spalträume zwischen
den äußeren Haarzellen und den Deitersschen Zellen. Erstmals ist auch in der
4. Windung die Scala tympani vollständig eröffnet (V−).

3. Windung. In zwei Objekten entspricht das Bild dem der 4. Windung: Der
innere Tunnel und der Nuelsche Raum sind in Höhe des supranucleären Bereiches der Pfeilerzellen als schmale Spalträume sichtbar (in 2 Objekten V+).

2. Windung. In einem der zwei vorliegenden Objekte sind der innere Tunnel
und der Nuelsche Raum als schmale Spalträume in Höhe des supranucleären
Bereiches der Pfeilerzellen zu erkennen. Dagegen sieht man im anderen Objekt
den inneren Tunnel und den Nuelschen Raum in der Mitte des Epithels schon
breit eröffnet, wobei der letztgenannte weiter nach apikal reicht. Beide Räume
beginnen basal in Höhe des supranucleären Bereiches der Pfeilerzellen. Diese
liegen basal (im Kern- und infranucleären Bereich) und ebenso apikal dicht nebeneinander (in 2 Objekten V+).

Basalwindung. Der innere Tunnel und der Nuelsche Raum sind in Höhe des
supranucleären Bereiches der Pfeilerzellen breit eröffnet. Auch zwischen den
äußeren Haarzellen und den Deitersschen Zellen sind Spalträume nachweisbar
(V+).

51. Entwicklungstag

4. Windung. Im Gegensatz zu dem einen Tag jüngeren Stadium sind die Corti-
Lymphräume noch nicht vorhanden (V+).

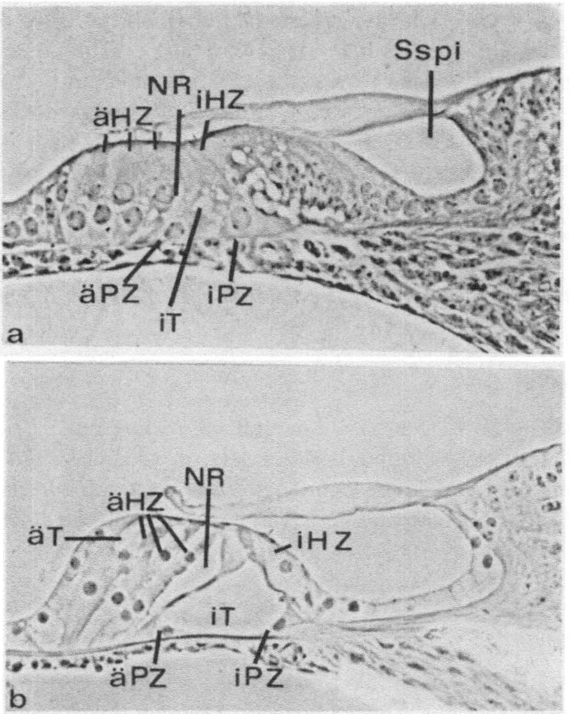

Abb. 3. (a) *Cortisches Organ* (51. Entwicklungstag, 3. Windung). Der Sulcus spiralis internus *Sspi* ist gebildet. Deutliches Höhen- und Breitenwachstum. Der innere Tunnel und der Nuelsche Raum sind zwischen benachbarten Epithelzellen erkennbar. Die äußere und innere Pfeilerzelle sitzen der Basilarmembran mit breiter Basis auf. ,,Vacuolenartige Aufhellungen" im medialen Organbereich (vgl. Abb. 13a und S. 80). Paraphenylendiamin. Phasenkontrast. 250:1. (b) *Voll entwickeltes Cortisches Organ* (1. Lebenstag, 3. Windung, vgl. Abb. 1). Vollständige Eröffnung aller Corti-Lymphräume. Ein weiteres Höhenwachstum der Sinnes- und Stützzellen hat stattgefunden. Der Sulcus spiralis internus ist verbreitert. Phasenkontrast. 250:1

3. Windung. Das Cortische Organ und der Sulcus spiralis internus haben in radiärer Richtung ihre definitive Ausdehnung von zusammen ca. 270 µm erreicht (Abb. 3a). Im Bereich der äußeren Haarzellen und der Deitersschen Zellen ist das Cortische Organ jetzt ca. 50 µm hoch. Der innere Tunnel und der Nuelsche Raum sind in Höhe des supranucleären Bereiches der Pfeilerzellen in fünf untersuchten Objekten unterschiedlich weit eröffnet (in 5 Objekten V+).

52. Entwicklungstag

Basalwindung. Auffallend ist ein Höhenwachstum der Sinnes- und Stützzellen; im Bereich der äußeren Haarzellen und der Deitersschen Zellen hat das Cortische Organ jetzt eine Höhe von ca. 57 µm. Der innere Tunnel und der Nuelsche Raum sind auf diesem Entwicklungsstadium vollständig ausgebildet. Man erkennt neuronale Fortsätze, die durch beide Räume zu den äußeren Haarzellen ziehen. Die Corti-Lymphräume zwischen den äußeren Haarzellen und den Deitersschen Zellen und der äußere Tunnel sind als schmale Spalträume erkennbar. Der lateral gelegene (dickere) Abschnitt der Basilarmembran hat seine endgültige mediale

Grenze unter der äußeren Pfeilerzelle erreicht (in einem Objekt V+, im anderen V−).

55. Entwicklungstag

4. Windung. Die breite Eröffnung des inneren Tunnels und des Nuelschen Raumes hat mittlerweile die 4. Windung erreicht (V+).

56. Entwicklungstag

3. Windung. Im inneren Tunnel wie im Nuelschen Raum sind neuronale Fortsätze sichtbar. Die Corti-Lymphräume zwischen den äußeren Haarzellen und den Deitersschen Zellen sind noch schmal; der äußere Tunnel ist bereits etwas breiter. In den Pfeilerzellen und in den Deitersschen Zellen sind Tonofibrillen zu sehen (in 2 Objekten V+).

58. Entwicklungstag

Basalwindung. Das Cortische Organ hat seine definitive Höhe von ca. 70 µm erreicht. Alle Corti-Lymphräume sind vollständig eröffnet, auch die Räume zwischen den äußeren Haarzellen und den Deitersschen Zellen sind jetzt als breite Spalträume erkennbar (V+).

59. Entwicklungstag

Basalwindung. Das Bild entspricht dem am 58. Entwicklungstag (in 2 Objekten V+).

63. Entwicklungstag

Basalwindung. Der Aspekt des Cortischen Organs zeigt keine bemerkenswerten Veränderungen gegenüber dem am 58. und 59. Entwicklungstag. In der Basilarmembran sind im vorliegenden Objekt deutlich Fibrillen erkennbar (V+).

Tag der Geburt (Abb. 3b). Keine Veränderungen gegenüber dem 58.–63. Entwicklungstag.

Erste Lebenswochen. Bei Tieren bis zum Alter von etwa 6 Wochen bleibt das Bild des Cortischen Organs unverändert.

3. Elektronenmikroskopische Befunde
bei der Entwicklung des Cortischen Organs

Die Beschreibung der ultrastrukturellen Befunde beschränkt sich im wesentlichen auf das Cortische Organ.

36. Entwicklungstag

4. Windung. Auf diesem frühen Entwicklungsstadium sind auch elektronenoptisch Sinnes- und Stützzellen noch nicht unterscheidbar; alle Zellen der Basialplatte zeigen den gleichen Aspekt. Das Cytoplasma ist reich an Zellorganellen:

Mitochondrien vom Crista-Typ, granuläres endoplasmatisches Reticulum, freie Ribosomen ohne bevorzugte Anordnung; in Kernnähe der Golgi-Apparat. Im apikalen Cytoplasma finden sich einzelne multivesikuläre Körper. Stellenweise enthält das Cytoplasma Lipidtropfen, einzelne kleine Vacuolen und ganz vereinzelt Lysosomen. Die Zellkerne haben ziemlich einheitliche Größe und längliche Form in Richtung der Zellachse; einzelne Kerne sind leicht gebuchtet. Mitunter sind Chromatinverdichtungen an der Kernmembran zu beobachten. Alle Zellen tragen an ihrer apikalen Oberfläche einzelne Mikrovilli von 80–85 nm Durchmesser (Abb. 4a), bei manchen wird zusätzlich eine Kinocilie gefunden. Die Plasmalemmata der Epithelzellen verlaufen im Abstand von 25–30 nm dicht nebeneinander; sie bestehen aus einer einfachen „unit membrane". Unmittelbar unter der Epitheloberfläche sind die Epithelzellen durch desmosomenartige Verdickungen der Plasmalemmata miteinander verbunden („Membrana reticularis"). Ganz vereinzelt trifft man im medialen Bereich der Basialplatte Mitosen.

Die 0,5–0,7 µm dicke Basilarmembran ist aus Grundsubstanz und wenigen eingelagerten Fibrillen (Durchmesser ca. 80 Å) aufgebaut. 40–60 nm von den basalen Plasmalemmata der Epithelzellen entfernt, besteht ihre oberste Lage aus einer ca. 20 nm dicken fibrillenfreien Schicht. — Die Membrana tectoria liegt dem medialen Teil der Basialplatte als bis ca. 6 µm dicke Schicht auf; sie enthält Filamente, eingebettet in Grundsubstanz.

3. Windung. Der geschlossene Epithelverband der Basialplatte ist in einen medialen und einen lateralen Wulst gegliedert. Im Cytoplasma der Epithelzellen sind die freien Ribosomen vielfach zu Polysomen zusammengelagert. Die Mikrovilli an der apikalen Oberfläche der Zellen sind zahlreicher und etwas dicker (Durchmesser ca. 100 nm) als in der 4. Windung. Über der Basilarmembran werden manche Epithelzellen durch Bündel von neuronalen Fortsätzen verschiedenen Kalibers (Durchmesser 150–420 nm) auseinandergedrängt; einzelne neuronale Fortsätze liegen etwas höher. Sie enthalten Neurotubuli (Durchmesser 150–200 Å) oder Neurofilamente (Durchmesser ca. 90 Å), manche außerdem Mitochondrien vom Crista-Typ. — Die Basilarmembran zeigt keine Unterschiede gegenüber der 4. Windung.

37. Entwicklungstag

3. Windung (2 Objekte). Mit dem Elektronenmikroskop ist die beginnende Differenzierung des unverändert geschlossenen Epithelverbandes der Basialplatte in Sinnes- und Stützzellen wahrzunehmen: Unter der apikalen Oberfläche der künftigen inneren Haarzelle wird ein elektronendichter, noch unscharf begrenzter Cytoplasmabezirk (ca. 0,2–0,6 µm hoch) unterscheidbar, der frei von Zellorganellen ist (vgl. Abb. 4b). Bei den künftigen äußeren Haarzellen fehlt dieser opake Bezirk noch (Abb. 5). Die vom apikalen Pol der künftigen Sinneszellen ausgehenden Cytoplasmaausstülpungen unterscheiden sich zwar nicht in der Dicke (ca. 100 nm) und in ihrer Zeichnung, jedoch durch Häufung und größere Länge (ca. 1,4 µm) von den Mikrovilli (Länge ca. 1 µm) der angrenzenden Stützzellen. Ein Teil der Sinnes- und Stützzellen trägt an der apikalen Oberfläche je eine Kinocilie.

Der basale Pol der Sinneszellen wird jetzt von neuronalen Fortsätzen erreicht. An einzelnen Stellen sind bereits Verdickungen der einander gegenüberliegenden Plasmalemmata von Sinneszelle und neuronaler Endigung feststellbar

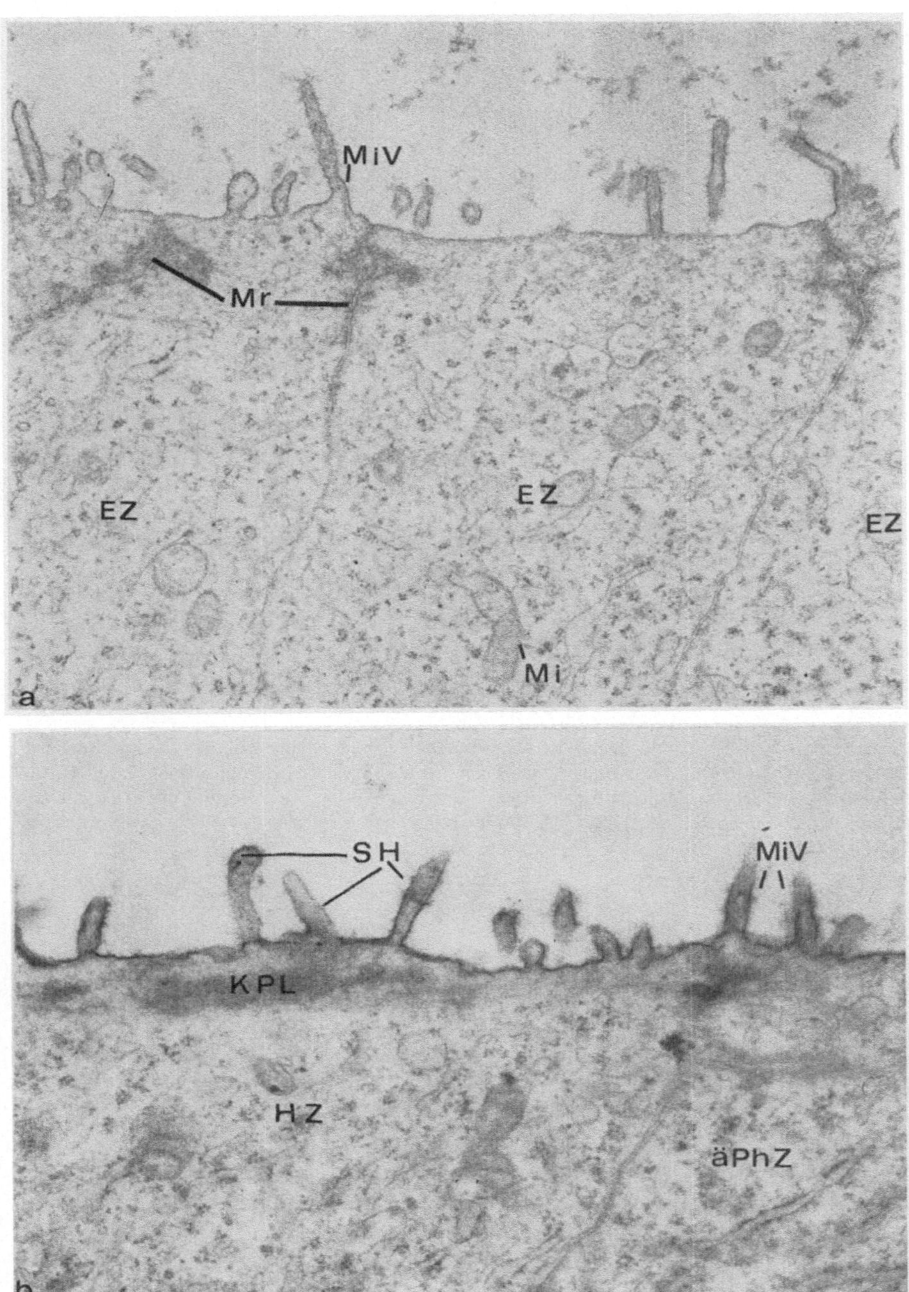

Abb. 4. (a) *Undifferenzierte Epithelzellen EZ* der Basialplatte, apikaler Pol (36. Entwicklungstag, 4. Windung). Uranylacetat-Kontrastierung. 24000:1. (b) *Beginnende Differenzierung* der dritten äußeren *Haarzelle*, Receptorpol (38. Entwicklungstag, 4. Windung). Die künftige Kopfplatte ist als vorerst unscharf begrenzter, opaker Cytoplasmabezirk erkennbar. Die künftigen Sinneshaare unterscheiden sich morphologisch kaum von den Mikrovilli einer angrenzenden äußeren Phalangenzelle. Uranylacetat-Kontrastierung. 24000:1

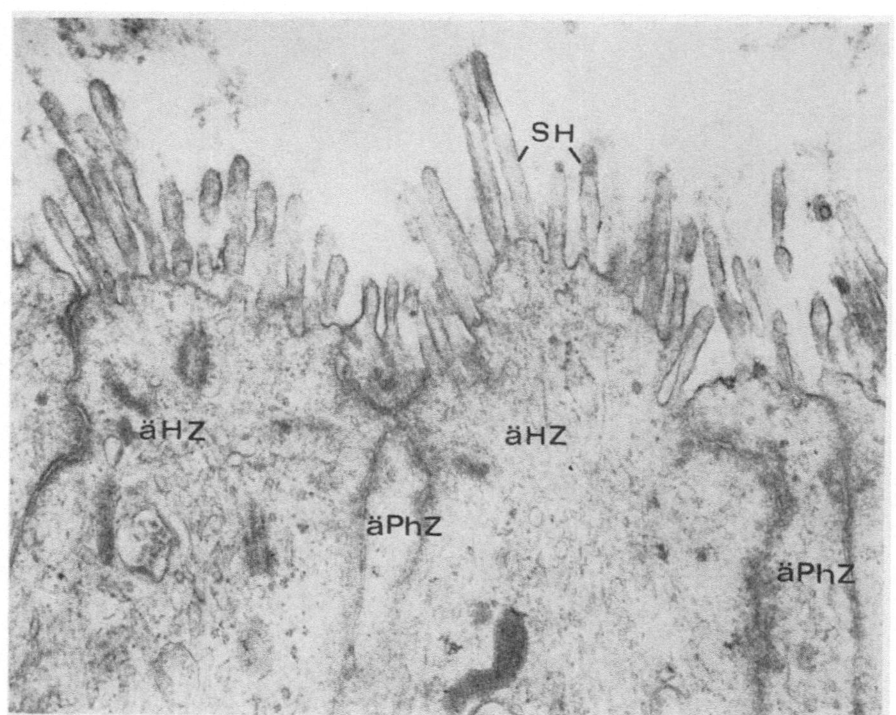

Abb. 5. *Beginnende Differenzierung* der äußeren *Haarzellen*, Receptorpol (37. Entwicklungstag, 3. Windung). Die in Entwicklung begriffenen Sinneshaare weisen nur geringfügige Unterschiede gegenüber den Mikrovilli der äußeren Phalangenzellen auf; sie sind etwas länger und dicker. Hier ist noch keine Anlage der Kopfplatte sichtbar. Uranylacetat-Bleicitrat-Kontrastierung. 24000:1

(vgl. Abb. 10a); ihr Abstand beträgt 21–25 nm. Ganz vereinzelt finden sich im infranucleären Cytoplasma der Sinneszellen etwa 75 nm große Vesikel mit dichtem Inhalt („kernhaltige Vesikel"), wie sie ausnahmsweise auch in neuronalen Fortsätzen nachweisbar sind.

Die Sinneszellen — auf jedem Radiärschnitt durch die Basialplatte eine innere und drei äußere Haarzellen — liegen nunmehr im apikalen Bereich des Epithels. Basal von den Sinneszellen werden die der Basilarmembran aufsitzenden Phalangenzellen erkennbar; ihre schmalen Phalangen reichen zwischen den Sinneszellen bis zur Epitheloberfläche. In das Cytoplasma der Sinnes- und Stützzellen ist jetzt erstmals Glykogen eingelagert. Lipidtropfen finden sich nur im Cytoplasma von Stützzellen.

Die Basilarmembran ist in ihrem lateralen Bereich (Pars pectinata) unter dem Sulcus spiralis externus stellenweise durch Einlagerung von platten Zellen auf ca. 3 μm verdickt (Abb. 6b). Im medialen Bereich (Pars tecta, Abb. 6a) mißt sie bis ca. 0,9 μm. Fibrillenstärke und Dicke der fibrillenfreien Zone unverändert.

38. Entwicklungstag

4. Windung (2 Objekte). Das Cytoplasma der Sinnes- und Stützzellen enthält wiederum Glykogen. Ein Teil der Zellkerne weist tiefe Einbuchtungen auf. Die

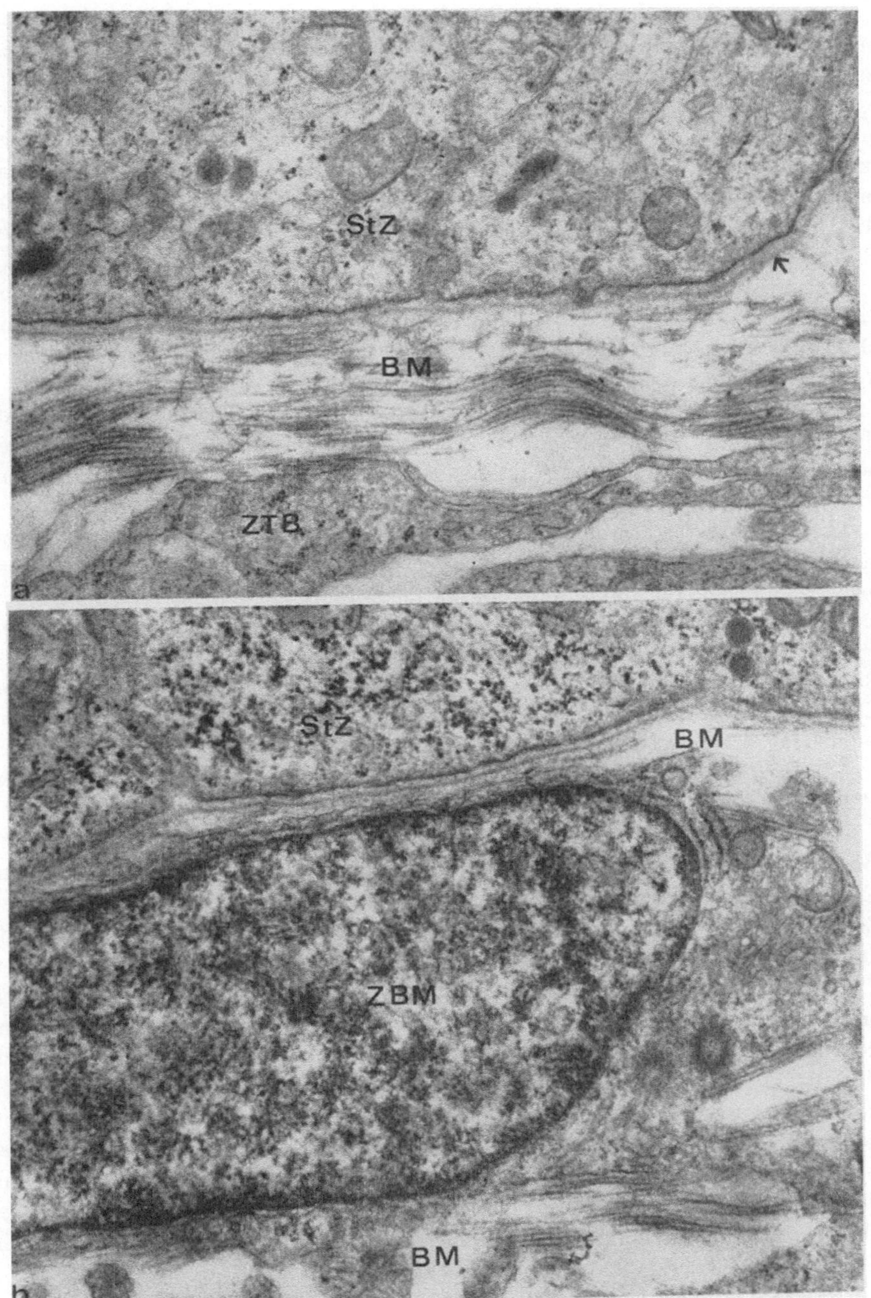

Abb. 6a u. b. *Beginnende Entwicklung der Basilarmembran* (37. Entwicklungstag, 3. Windung).
(a) *Pars tecta*. In die Grundsubstanz sind wenige Fibrillen eingelagert. Unter dem Epithel
eine ca. 20 nm dicke fibrillenfreie Schicht, Basallamina (Pfeil). *ZTB* Mesenchymzellen der
tympanalen Belegschicht. Uranylacetat-Bleicitrat-Kontrastierung. 24000:1. (b) *Pars pectinata*
(gleiches Objekt wie bei a). Zwischen zwei aus Grundsubstanz und eingelagerten Fibrillen
bestehende Schichten sind platte Mesenchymzellen *ZBM* eingelagert. *StZ* Stützzellen der
Basialplatte (im Cytoplasma als dunkle Granula Glykogen). Uranylacetat-Bleicitrat-Kontrastierung. 24000:1

laterale Verhaftung der Epithelzellen durch Desmosomen ist nicht mehr streng auf die Zone der Membrana reticularis beschränkt; einzelne Desmosomen werden auch etwas basal davon angetroffen.

Der organellenfreie, unscharf begrenzte Cytoplasmabezirk am apikalen Pol einzelner künftiger Sinneszellen ist hier elektronendichter als am 37. Entwicklungstag in der 3. Windung und grenzt nicht unmittelbar an das apikale Plasmalemm (Abb. 4b). Die Cytoplasmaausstülpungen über diesem Bezirk sind etwas dicker (Durchmesser ca. 125 nm) als die Mikrovilli (Durchmesser ca. 100 nm) der Stützzellen.

Die neuronalen Fortsätze im basalen Bereich des Epithels haben nunmehr eine Stärke zwischen 0,1 und 1,2 µm angenommen. Indessen ist hier noch keine Beziehung zwischen diesen Fortsätzen und den künftigen Sinneszellen festzustellen. Einzelne neuronale Fortsätze enthalten kernhaltige Vesikel.

Die Basilarmembran ist 0,4–0,8 µm dick und gegen den Epithelwulst geradlinig konturiert; ihre fibrillenfreie Schicht mißt unverändert ca. 20 nm. Der lateral gelegene Anteil unterscheidet sich hier in der 4. Windung noch nicht vom medial gelegenen.

3. Windung. Die Sinnes- und Stützzellen sind auf diesem Entwicklungsstadium deutlich differenziert: Außer den im apikalen Bereich des Epithels gelegenen Sinneszellen und den der Basilarmembran aufsitzenden Phalangenzellen treten jetzt zwischen den beiden Epithelwülsten die beiden langgestreckten Pfeilerzellen mit ihren basal gelegenen Zellkernen hervor. Das Cytoplasma der Sinnes- und Stützzellen enthält stellenweise etwas Glykogen. Die noch länglichen Zellkerne der Epithelzellen stellen sich chromatinreich dar. Die Breite der Interzellularfugen beträgt unverändert 25–30 nm. Unterhalb der Membrana reticularis sind vereinzelt Desmosomen zu beobachten, besonders zwischen der inneren Pfeilerzelle und der ersten äußeren Haarzelle.

Im Cytoplasma der Sinneszellen grenzt hier der homogene, elektronendichte Bezirk, die Anlage der Kopfplatte, unmittelbar an das apikale Plasmalemm. Er nimmt nicht die gesamte Breite, wenn auch den größten Teil des apikalen Zellpols ein, ist etwa 0,7 µm dick und basal- und lateralwärts unscharf begrenzt. Die vom apikalen Pol der Sinneszellen ausgehenden Cytoplasmaausstülpungen sind mit größerer Länge (bis ca. 2 µm) und größerer Dicke (ca. 170 nm) von den Mikrovilli der Stützzellen (Dicke unverändert ca. 100 nm, Länge bis ca. 1,5 µm) deutlich verschieden. Auf diesem Stadium der Entwicklung der Sinneshärchen sind noch keine Wurzeln ausgebildet. Die inneren Haarzellen werden bis in Kernhöhe von neuronalen Fortsätzen umfaßt. Im basalen Cytoplasma der Sinneszellen liegen kernhaltige Vesikel zum Teil gehäuft in der Nähe des verdickten Plasmalemms gegenüber dem gleichfalls verdickten Plasmalemm neuronaler Endigungen. Ganz vereinzelt sind kernhaltige Vesikel in neuronalen Fortsätzen vorhanden. — Die Basilarmembran zeigt keine Unterschiede gegenüber dem einen Tag jüngeren Stadium.

2. Windung. Der Epithelverband ist weiterhin geschlossen; die Interzellularfugen zwischen den Epithelzellen sind unverändert schmal. Dagegen haben sich die interzellulären Abstände zwischen neuronalen Fortsätzen und Epithelzellen stellenweise erheblich erweitert; der Abstand der Plasmalemmata beträgt hier 21 bis zu 190 nm. Das Cytoplasma der Sinnes- und Stützzellen, insbesondere das der Pfeilerzellen, enthält Glykogen. Die freien Ribosomen sind vielfach zu Polysomen zusammengelagert.

28

An den in Entwicklung begriffenen Sinneshaaren (Durchmesser unverändert ca. 170 nm) zeichnet sich bereits eine Einschnürung im Halsbereich, also unmittelbar an der Stelle ihrer Erhebung über das Niveau der apikalen Zellbegrenzung, ab. In ihrem Inneren wird axial eine Verdichtung erkennbar, die zunächst auf den Halsbereich beschränkt ist und die Ausbildung der Wurzel ankündigt. Die Kopfplatten sind in dieser Windung 0,7–0,8 μm dick. Die länglichen Zellkerne der Sinneszellen weisen dichte Chromatinansammlungen und zum Teil geringe Einbuchtungen auf. Unverändert gegenüber der 3. Windung stellen sich dar: kernhaltige Vesikel, zum Teil auch in Zellkernnähe, und verdickte Plasmalemmata an Kontaktstellen des basalen Zellpols mit neuronalen Endigungen. — Die hier bis 1,1 μm dicke Basilarmembran ist vom Epithel der Basalplatte durch eine weiterhin ca. 20 nm dicke fibrillenfreie Schicht abgesetzt.

Basalwindung (2 Objekte). Der Epithelverband ist geschlossen. In das Cytoplasma der Sinnes- und Stützzellen ist Glykogen eingelagert. — War bisher das feinstrukturelle Bild von äußeren und inneren Haarzellen im wesentlichen identisch, so zeichnen sich auf dieser Stufe zum erstenmal Unterschiede ab: Während die Sinneshaare der äußeren Haarzellen im Schaftbereich einen Durchmesser von ca. 170 nm haben, messen die der inneren Haarzellen ca. 200 nm. Bei beiden Arten von Sinneszellen ist wie in der 2. Windung eine leichte Einschnürung der Sinneshaare im Halsbreich vorhanden und dort der Beginn der Wurzelbildung erkennbar; die Kopfplatten sind bis ca. 0,8 μm dick. Der basale Pol der Haarzellen weist keine Unterschiede gegenüber der 2. und 3. Windung auf. — Das Bild der Basilarmembran entspricht dem bei der 3. Windung am 37. Entwicklungstag beschriebenen.

39. Entwicklungstag

4. Windung. Alle Epithelzellen sind langgestreckt und schmal; ihr Cytoplasma enthält zum Teil Glykogen, das der Stützzellen vereinzelt Lipidtropfen. — Die Sinneshaare haben einen Durchmesser von ca. 150 nm. Das apikale Cytoplasma der Sinneszellen ist geringgradig verdichtet und frei von Zellorganellen. Dem basalen Pol der Sinneszellen liegen neuronale Endigungen an; stellenweise sind Verdickungen der einander gegenüberliegenden Plasmalemmata von Sinneszelle und neuronaler Endigung vorhanden. Kernhaltige Vesikel finden sich hier ausschließlich in neuronalen Fortsätzen. — Die Basilarmembran ist bis ca. 0,9 μm dick, ihre fibrillenfreie Zone ca. 20 nm.

3. Windung. Gegenüber der 4. Windung ist der Glykogengehalt des Cytoplasmas, besonders in den Sinneszellen, geringer. Die Sinneshaare sind ca. 170 nm dick und weisen im späteren Halsbereich eine leichte Einschnürung auf. Sonst sind keine wesentlichen Unterschiede gegenüber der 4. Windung festzustellen.

2. Windung. Glykogeneinlagerungen finden sich nur im Cytoplasma der Pfeilerzellen. Im Cytoplasma der Stützzellen des großen Epithelwulstes fällt reichlich granuläres endoplasmatisches Reticulum auf. — Jetzt sind auch in der 2. Windung die äußeren und inneren Haarzellen feinstrukturell unterscheidbar: Die Sinneshaare der äußeren Haarzellen haben im Schaftbereich einen Durchmesser von ca. 170 nm, die der inneren Haarzellen von ca. 190 nm. Sämtliche Sinneshaare zeigen eine leichte Einschnürung im Halsbereich. Die Kopfplatten zeigen eine feingranuläre Zeichnung, die ihre Abgrenzung gegen das basal und lateral benachbarte Cytoplasma erschwert. Die Beziehung des basalen Zellpols zu den benach-

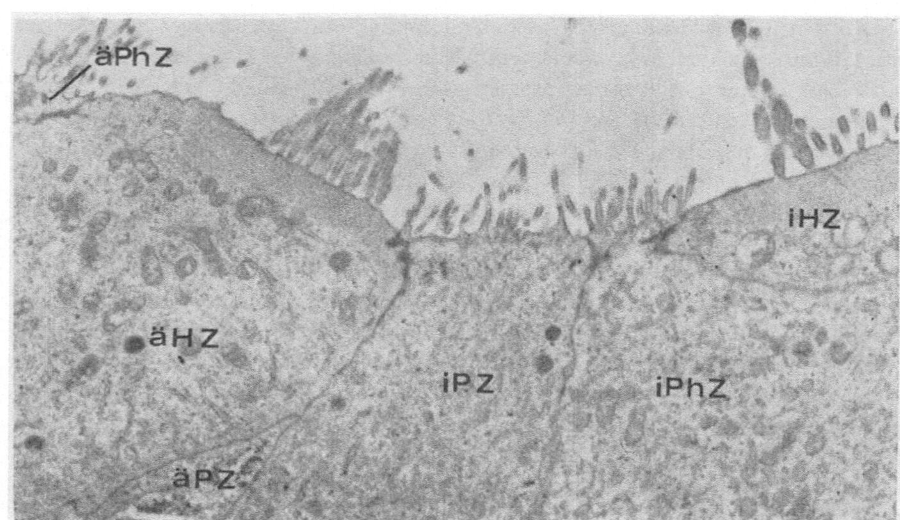

Abb. 7. *Fortgang der Differenzierung von Sinnes- und Stützzellen,* medialer Bereich des Cortischen Organs, Übersicht (41. Entwicklungstag, 2. Windung). Die Sinneshaare der beiden Haarzellen unterscheiden sich jetzt deutlich von den Mikrovilli der Stützzellen. Die innere Phalangenzelle erreicht mit ihrer Phalanx zwischen der inneren Haar- und der inneren Pfeilerzelle die Epitheloberfläche. Der inneren Pfeilerzelle liegen lateral die äußere Pfeiler- und weiter apikal die erste äußere Haarzelle an; an die letztgenannte schließt lateral die Phalanx der ersten äußeren Phalangenzelle an. Uranylacetat-Kontrastierung. 8000:1

barten neuronalen Endigungen ist gegenüber dem 38. Entwicklungstag in der 2. und 3. Windung unverändert. — Die Pars pectinata der Basilarmembran mißt ca. 3 μm, die Pars tecta ca. 1,3 μm, die fibrillenfreie Schicht unverändert ca. 20 nm.

40. Entwicklungstag

3. Windung (2 Objekte). Das Entwicklungsstadium entspricht im wesentlichen dem der 2. Windung am 38. Entwicklungstag: geschlossener Epithelverband, unverändert schmale Interzellularfugen, Glykogengehalt der Sinnes- und Stützzellen, Kopfplatten der Sinneszellen, Plasmalemmkontakte dieser Zellen mit neuronalen Endigungen (Abb. 10a). — An den Sinneshaaren beider Arten von Haarzellen (Durchmesser im Schaftbereich ca. 170 nm, im Halsbereich ca. 100 nm) fällt eine feine Längszeichnung auf (vgl. Abb. 9a). Unterhalb der Membrana reticularis

Abb. 8a–c. *Beziehung der inneren Stützzellen zur Membrana tectoria.* (a) 41. Entwicklungstag, Basalwindung. Auf diesem Stadium ist bereits ein enger Kontakt der noch verhältnismäßig kurzen Mikrovilli der inneren Stützzellen zu den Filamenten der Membrana tectoria vorhanden. Im apikalen Cytoplasma multivesikuläre Körper *M V B.* Uranylacetat-Kontrastierung. 24000:1. (b) 45. Entwicklungstag, 3. Windung. Die Mikrovilli der inneren Stützzellen stehen jetzt dichter und haben größere Länge angenommen; sie zeigen unverändert engen Kontakt zu den Filamenten der Membrana tectoria. Vereinzelt trifft man eine Kinocilie. Uranylacetat-Kontrastierung. 24000:1. (c) 51. Entwicklungstag, 3. Windung. Auf diesem fortgeschrittenen Stadium, in dem der Sulcus spiralis internus bereits eingesenkt ist, stellen sich die

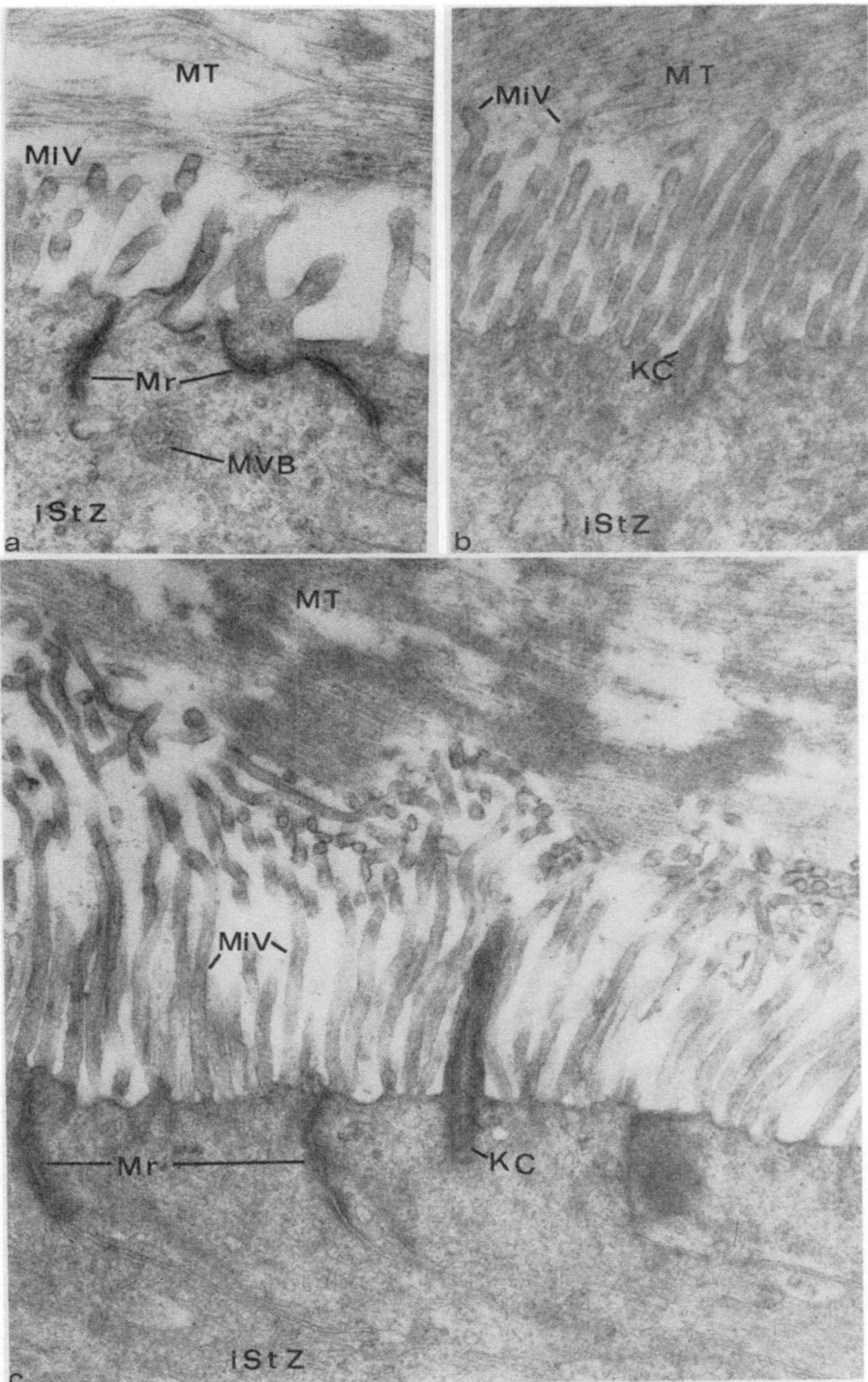

Mikrovilli der inneren Stützzellen schlank und extrem lang dar; ihr Kontakt mit der Membrana tectoria ist dadurch verstärkt, daß zahlreiche Mikrovilli in ihrer Verlaufsrichtung umbiegen und sich der Membrana tectoria anschmiegen. Uranylacetat-Kontrastierung. 24000:1

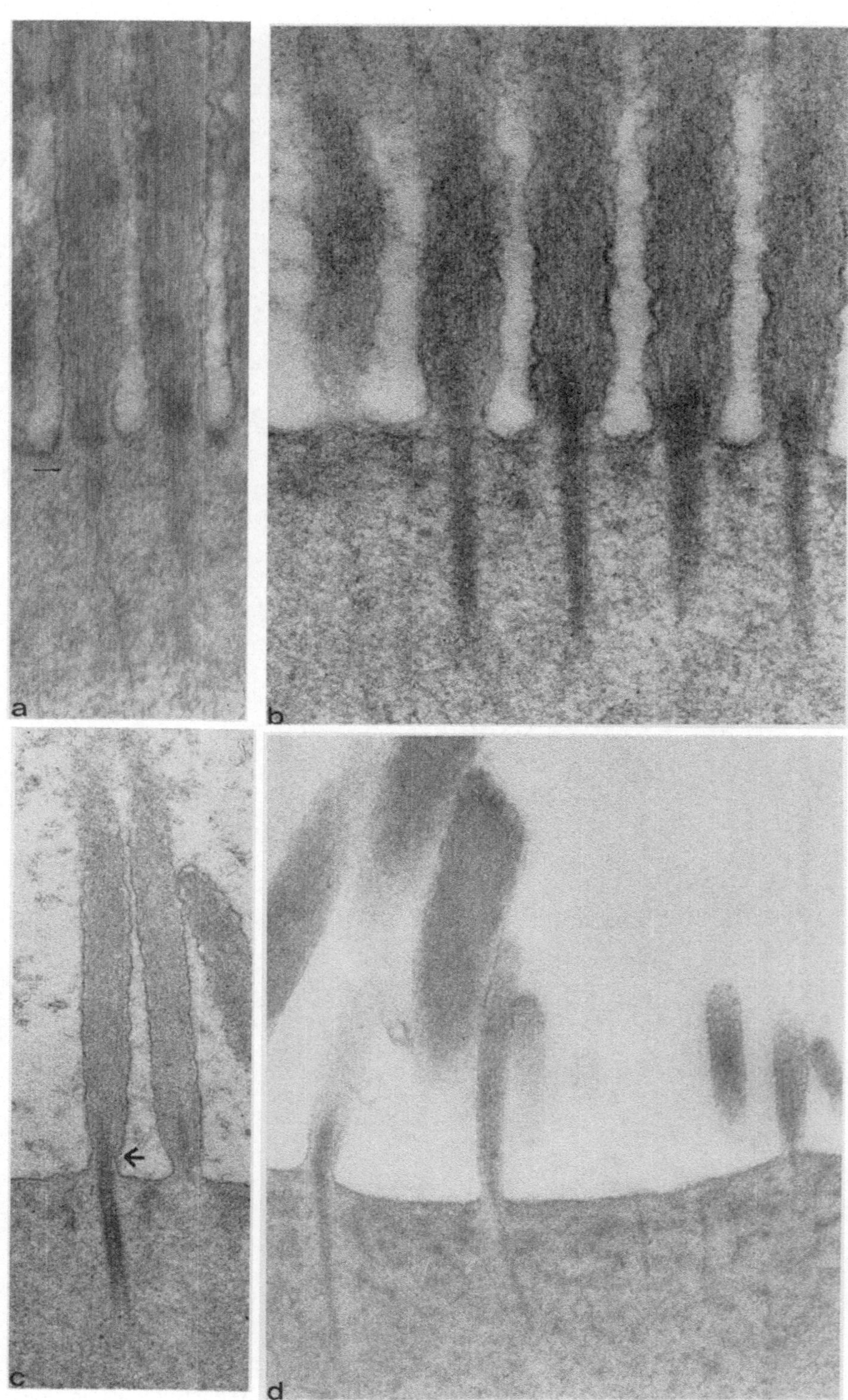

Abb. 9a—d

finden sich nun auch zwischen der inneren Haarzelle und der inneren Pfeilerzelle
ganz vereinzelt Desmosomen. Einzelne Zellkerne von Stützzellen weisen noch ein
leicht gebuchtetes Profil auf. — Unter den äußeren Phalangenzellen schieben
sich Mesenchymzellen der tympanalen Belegschicht zwischen die Fibrillen der
Basilarmembran (Abb. 18b), so daß die Pars pectinata jetzt weiter nach medial
reicht.

2. Windung. Im Cytoplasma der Stützzellen finden sich Glykogeneinlagerungen und Lipidtropfen. Von der freien Oberfläche der Stützzellen des großen
Epithelwulstes ragen zahlreiche Mikrovilli in den Ductus cochlearis; diese stehen
in engem Kontakt mit den Filamenten der Membrana tectoria (vgl. Abb. 8a).

Am apikalen Pol der Sinneszellen findet man gelegentlich eine Protrusion
jenes (kleinen) Teiles des Cytoplasmas, der von der Kopfplatte nicht eingenommen wird. Feinstrukturelle Unterschiede zwischen den beiden Arten von Haarzellen treten jetzt deutlicher hervor: Die Sinneshaare der inneren Haarzellen sind
wesentlich dicker (ca. 270 nm im Schaft-, ca. 140 nm im Halsbereich) als die der
äußeren Haarzellen (Durchmesser ca. 170 nm im Schaft-, ca. 100 nm im Halsbereich). Auch die Kopfplatten der inneren Haarzellen sind jetzt dicker (ca. 0,9 µm)
als die der äußeren (ca. 0,7 µm). Ferner finden sich erstmals nahe dem lateralen
Plasmalemm der inneren Haarzellen stellenweise glattwandige Profile flacher
Cisternen von ca. 33 nm Breite (vgl. Abb. 14), während derartige Bildungen bei
den äußeren Haarzellen noch fehlen.

Die basalen Kontaktstellen der Sinneszellen mit neuronalen Endigungen
nehmen nun den Charakter von Synapsen an: Im basalen Cytoplasma der
Sinneszellen treten elektronendichte stabförmige Gebilde auf (Durchmesser ca.
96 nm, Länge bis ca. 360 nm), die der verdickten synaptischen Membran annähernd senkrecht aufsitzen (vgl. Abb. 11a). Diese Synapsenstäbchen (,,synaptic
bars", ,,synaptic ribbons") sind von hellen Bläschen (Durchmesser 33–40 nm)
umgeben. In unmittelbarer Nähe der Synapsenstäbchen sind die ca. 75 nm
großen kernhaltigen Vesikel noch zu beobachten (vgl. Abb. 10b). An allen so
charakterisierten Stellen ist das Plasmalemm der eng anliegenden neuronalen
Endigung (Abstand 15–20 nm) gleichfalls verdickt; in ihrem Inneren enthält sie
Neurotubuli und einzelne Mitochondrien vom Crista-Typ. Die vorstehend beschriebene Struktur ist als *afferente Synapse* aufzufassen.

Demgegenüber enthält eine Minderzahl anderer neuronaler Endigungen helle
Vesikel (Durchmesser 33–40 nm) und Mitochondrien vom Crista-Typ. Derartige
Fortsätze stehen zwar auch in engem Kontakt mit dem basalen Pol von

Abb. 9a–d. *Entwicklung der Sinneshaare.* (a) Äußere Haarzelle (40. Entwicklungstag, Basalwindung). Auf diesem Stadium ist die Längszeichnung im Inneren der Sinneshaare bereits
deutlich, die Bildung der Wurzel erst in Entwicklung begriffen. Uranylacetat-Kontrastierung.
60000:1. (b) Äußere Haarzelle (48. Entwicklungstag, 2. Windung). Im Inneren der Sinneshaare fällt eine dichte Längszeichnung auf. Bei Anschnitt nahe der Achse wird die Wurzel
deutlich als Verdichtung, die ein kurzes Stück in den Schaft ragt und in der Kopfplatte
verankert ist. Uranylacetat-Bleicitrat-Kontrastierung. 60000:1. (c) Äußere Haarzelle (49. Entwicklungstag, Basalwindung). Bei günstiger Schnittführung stellt sich die Wurzel des Sinnes-
haares als Tubulus dar. Deutlich sichtbar ist die Einschnürung der Sinneshaare im Halsbereich (Pfeil). Uranylacetat-Kontrastierung. 32000:1. (d) Innere Haarzelle (58. Entwicklungstag, Basalwindung). Gegen Ende der Fetalentwicklung sind die Wurzeln der Sinneshaare
innerhalb der Kopfplatte von einer helleren Zone, dem ,,Wurzelkanal", umgeben. Uranylacetat-Kontrastierung. 36000:1

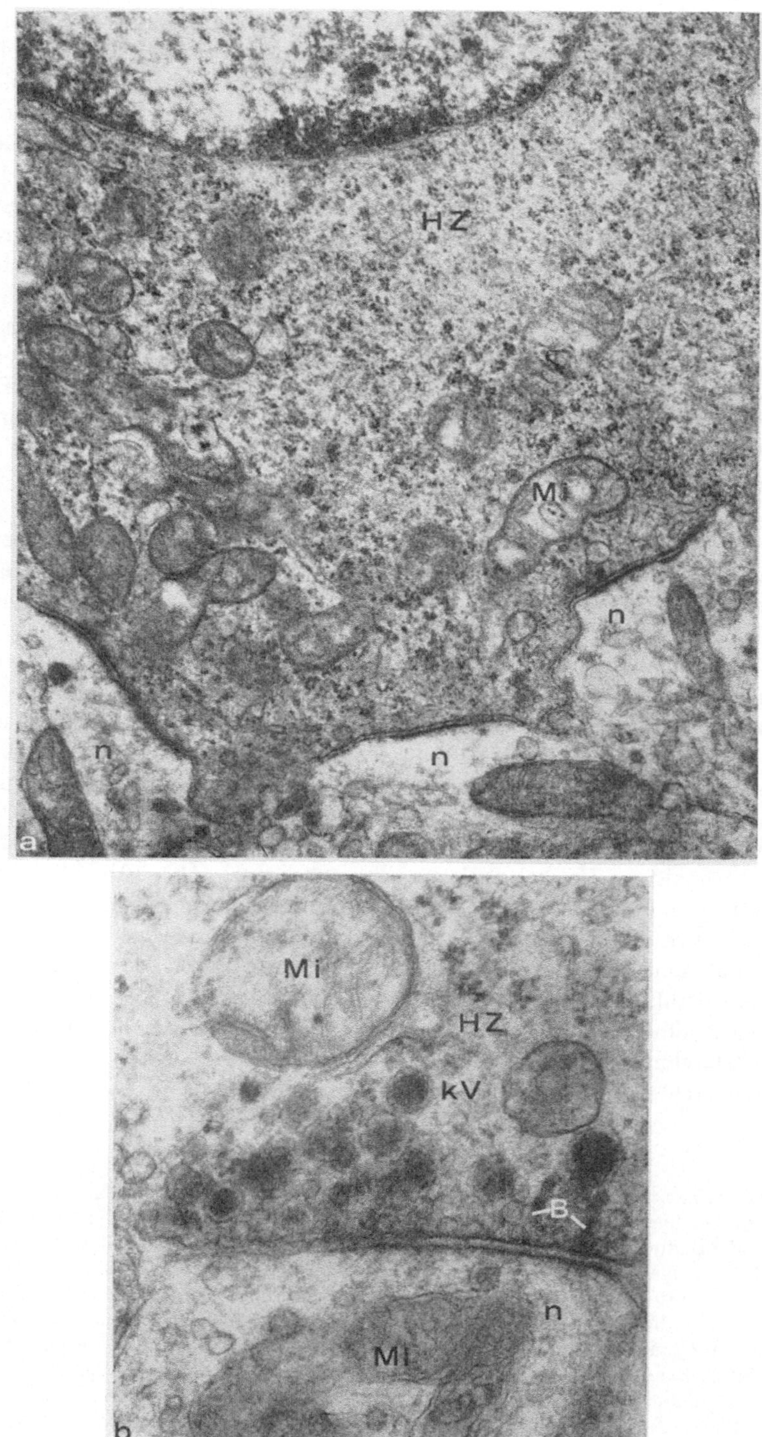

Abb. 10. (a) *Basaler Pol* einer inneren *Haarzelle* (40. Entwicklungstag, 3. Windung). An den Kontaktstellen der Haarzelle mit afferenten neuronalen Endigungen *n* sind Plasmalemm-

Sinneszellen, doch sind die Plasmalemmata beider Partner nicht verdickt (vgl. Abb. 11 b). Die Entwicklung dieser efferenten Synapsen ist offensichtlich noch nicht abgeschlossen.

Unterhalb der Sinneszellen sieht man Bündel von neuronalen Fortsätzen (Durchmesser 0,1–1,5 µm), von denen ein Teil in ähnlicher Weise von Stützzellen umgeben wird, wie man das sonst nur von Gliazellen kennt (vgl. Abb. 18 b). Ein Teil dieser neuronalen Fortsätze hat ein gequollenes Aussehen (vgl. Abb. 13 b); solche Anschnitte sind bis zu 4 µm weit und zeigen ein nahezu leeres Cytoplasmabild; nur ganz vereinzelt sind noch Mitochondrien des Crista-Typs auszumachen, die ihrerseits meist gleichfalls vacuolenartig umgewandelt sind. Wir müssen das Auftreten solcher gequollener neuronaler Fortsätze als Fixierungsartefakt auffassen. Daß sie den lichtmikroskopisch beschriebenen vacuolenartigen Aufhellungen nach Lage und Konfiguration entsprechen, ist offenbar. Beweisend ist der Vergleich elektronenmikroskopischer Dünnschnittaufnahmen mit phasenoptischen Semidünnschnittaufnahmen unmittelbar benachbarter Stellen im gleichen Objekt (vgl. Abb. 13). In der Diskussion wird dieser Sachverhalt eingehend erörtert (S. 80).

Auf dieser Stufe ist die Basilarmembran (Dicke der Pars tecta bis ca. 1,3 µm, der Pars pectinata bis ca. 3 µm) erstmals stärker fibrillär gezeichnet (Dicke der Fibrillen unverändert ca. 80 Å).

Basalwindung (2 Objekte). Die Glykogeneinlagerung im Cytoplasma von Stützzellen ist besonders bei der inneren Pfeilerzelle ausgeprägt. — Im Kaliber der Sinneshaare wird der bei der 2. Windung genannte Unterschied bestätigt. Wesentlich ist der Befund, daß in den Sinneshaaren beider Arten von Haarzellen jetzt elektronendichte Wurzeln zu beobachten sind (Abb. 9 a). Sie liegen axial und reichen von der Halszone bis ca. 0,3 µm in den Schaft und bis ca. 0,6 µm basalwärts in die Kopfplatte. Im Cytoplasma der Sinneshaare wird wieder eine längsorientierte Streifenzeichnung festgestellt. Die Kopfplatten der inneren Haarzellen sind hier ca. 1,1 µm, die der äußeren ca. 0,9 µm hoch.

Das Bild der afferenten Synapsen gleicht dem für die 2. Windung geschilderten. Hingegen kann an den in Ausbildung begriffenen *efferenten Synapsen* ein Fortschritt festgestellt werden: Die hellen Vesikel in der neuronalen Endigung liegen gehäuft nahe der präsynaptischen Membran. Jenseits des ca. 20 nm breiten synaptischen Spaltes werden erstmals glattwandige Profile flacher subsynaptischer Cisternen beobachtet (Dicke ca. 33 nm, Abb. 11 b). — Das Bild der Basilarmembran entspricht dem für die 2. Windung geschilderten.

41. Entwicklungstag

4. Windung (2 Objekte). Das Cytoplasma der Pfeilerzellen enthält etwas Glykogen. Im Cytoplasma der Hensenschen Zellen sind weit mehr Lipidtropfen

verdickungen beider Membranen der erste Hinweis auf die hier entstehenden afferenten Synapsen. Uranylacetat-Bleicitrat-Kontrastierung. 24000:1. (b) *Entstehung einer afferenten Synapse* (40. Entwicklungstag, Basalwindung). Am basalen Pol einer äußeren Haarzelle sieht man im Cytoplasma zahlreiche kernhaltige Vesikel kV, die ersten Synapsenstäbchen und Mitochondrien. Sowohl die (präsynaptische) Membran der Haarzelle als auch die (postsynaptische) Membran der neuronalen Endigung n sind deutlich verdickt. Uranylacetat-Bleicitrat-Kontrastierung. 50000:1

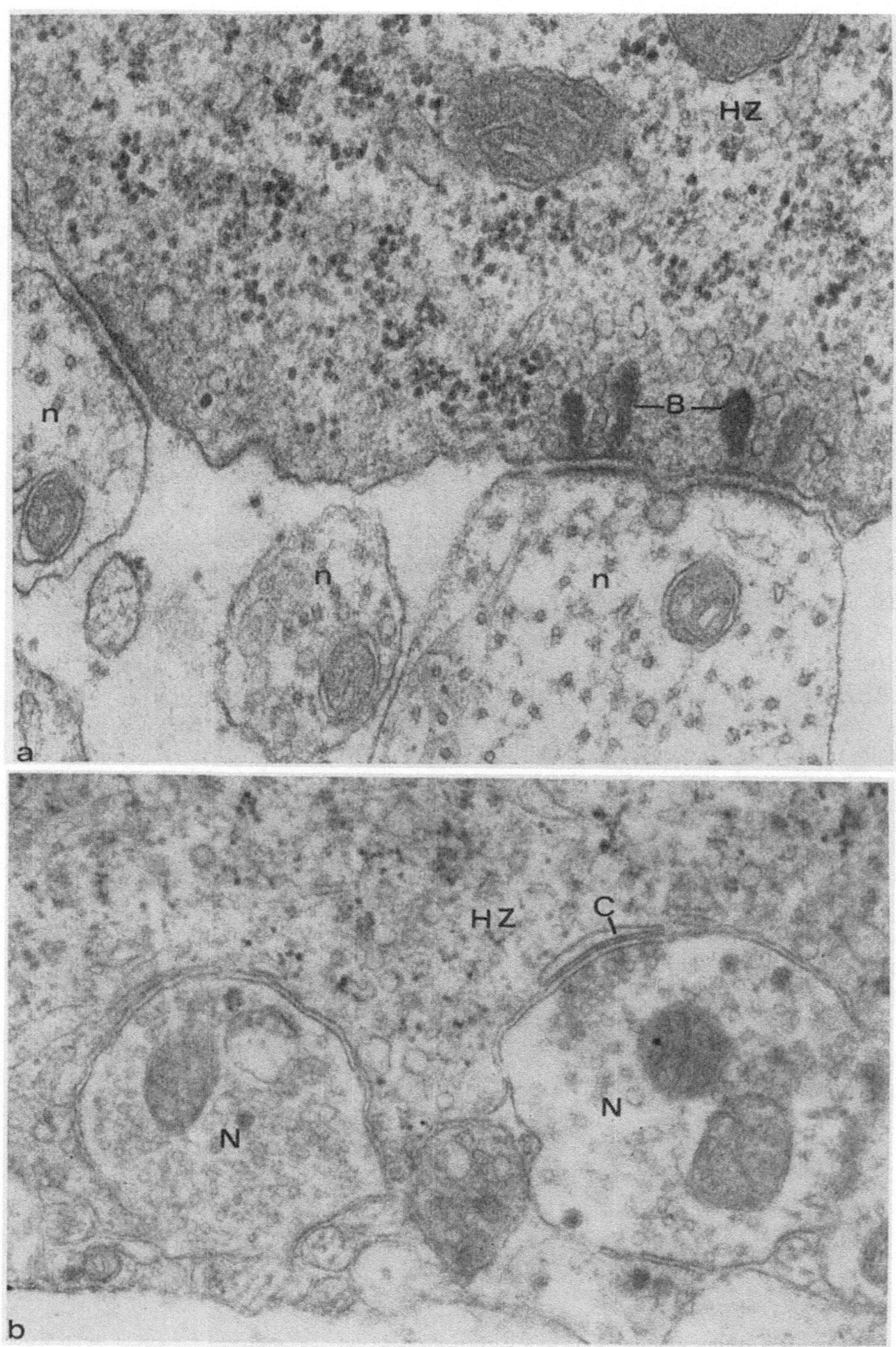

Abb. 11. (a) *Afferente Synapsen* am basalen Pol einer äußeren Haarzelle (50. Entwicklungstag, 4. Windung). Im präsynaptischen Cytoplasma der Haarzelle elektronendichte Synapsenstäbchen, umgeben von hellen Vesikeln, ferner granuläre Einlagerung von Glykogen. Die synaptischen Membranen der Haarzelle und der afferenten neuronalen Endigung *n* sind verdickt. Im postsynaptischen Neuroplasma zahlreiche Neurotubuli. Uranylacetat-Bleicitrat-Kontrastierung. 60000:1. (b) *Beginnende Entwicklung efferenter Synapsen* am basalen Pol

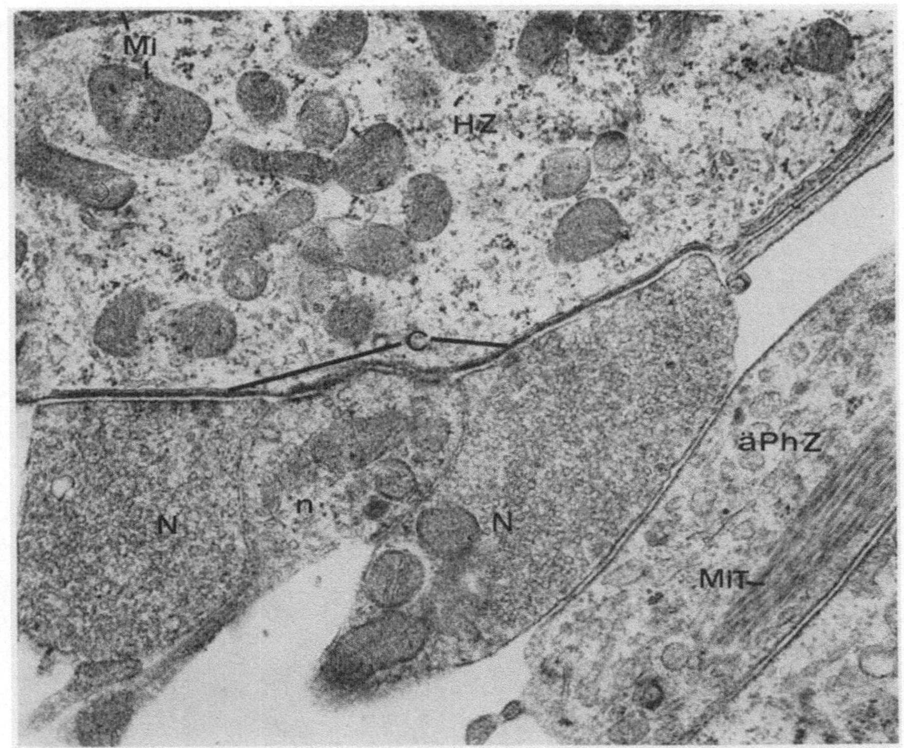

Abb. 12. *Basaler Pol einer äußeren Haarzelle mit zwei efferenten und einer afferenten Synapse* (63. Entwicklungstag, Basalwindung). Das Cytoplasma der Haarzelle enthält zahlreiche Mitochondrien. Zwischen zwei efferenten neuronalen Endigungen *N* mit den für sie typischen Synapsenstrukturen (*C* subsynaptische Cisternen) ist ein afferenter neuronaler Fortsatz *n* (Membranverdickungen!) eingeschlossen. In der rechts anschließenden Phalanx einer äußeren Phalangenzelle längsgerichtete Bündel von Mikrotubuli. Uranylacetat-Bleicitrat-Kontrastierung. 32000:1

vorhanden als in dem der übrigen Stützzellen. — Die Maße der Sinneshaare entsprechen denen in der 3. Windung am 40. Entwicklungstag. Die Kopfplatten der Haarzellen weisen eine feingranuläre Struktur auf; sie sind immer noch unscharf gegen das übrige Cytoplasma abgegrenzt. Im darunter gelegenen supranucleären Cytoplasma bildet das granuläre endoplasmatische Reticulum eine wabenartige Struktur. — Die Entwicklung der afferenten und efferenten Synapsen am basalen Pol der Haarzellen entspricht dem für die 2. Windung am 40. Entwicklungstag beschriebenen Bild. — Die Pars tecta der Basilarmembran ist bis ca. 1,5 µm dick; die Pars pectinata mißt ca. 3 µm.

einer inneren Haarzelle (48. Entwicklungstag, 2. Windung). In den efferenten neuronalen Endigungen *N* helle Vesikel, die zum Teil der nicht verdickten präsynaptischen Membran gehäuft anliegen. Die postsynaptische Membran der Haarzelle ist gleichfalls nicht verdickt; ihr liegt in der Synapse rechts im Bild, der Vesikelanhäufung gegenüber, eine subsynaptische Cisterne *C* an. Uranylacetat-Kontrastierung. 32000:1

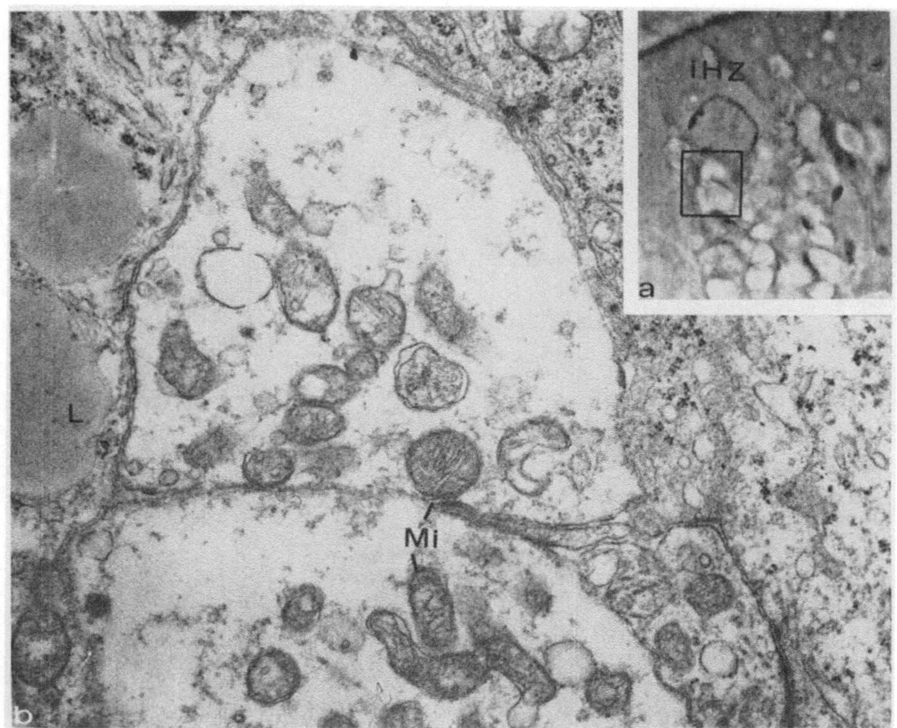

Abb. 13a u. b. „*Vacuolenartige Aufhellungen*". (a) „Vacuolenartige Aufhellungen" sind im basalen Bereich des Epithels nahe der inneren Haarzelle in großer Anzahl zu sehen. Mit dem Lichtmikroskop ist es nicht möglich, ihre Lagebeziehung zum Cytoplasma der Zellen auszumachen. Semidünnschnitt. Paraphenylendiamin. 800:1. (b) Der in a markierte Ausschnitt zeigt in einem Stufenschnitt bei elektronenmikroskopischer Untersuchung, daß die lichtmikroskopisch als „vacuolenartige Aufhellungen" erscheinenden Gebilde nach Größe, Lage und (artifiziell beeinträchtigter) Innenstruktur als neuronale Fortsätze aufzufassen sind. Uranylacetat-Bleicitrat-Kontrastierung. 24000:1

3. Windung (4 Objekte). Glykogeneinlagerung vor allem im Cytoplasma der Pfeilerzellen. Erstmals können in diesen und in den Deitersschen Zellen in Achsenrichtung Mikrotubuli beobachtet werden (Durchmesser ca. 15 nm). Die Zellkerne der Stützzellen zeigen zum Teil tiefe Einbuchtungen. Ein Teil der Sinnes- und Stützzellen trägt an der freien Oberfläche eine Kinocilie. Die Mikrovilli der Stützzellen (Durchmesser unverändert ca. 100 nm) weisen zum Teil eine feine Längszeichnung auf.

Der Durchmesser der Sinneshaare der äußeren Haarzellen beträgt im Schaftbereich ca. 170 nm (wie bei der 4. Windung), der der Sinneshaare der inneren Haarzellen jedoch ca. 200 nm. Die Einschnürung im Halsbereich der Sinneshaare tritt bei beiden Arten von Haarzellen (mit einem Durchmesser von ca. 100 nm) deutlich hervor. Erst jetzt lassen sich die elektronendichten Kopfplatten (Dicke bei den inneren Haarzellen ca. 0,8 μm, bei den äußeren ca. 0,7 μm) deutlich vom übrigen Cytoplasma abgrenzen. Die Wurzeln der Sinneshaare sind in die Kopfplatte eingesenkt.

Das Bild der afferenten und efferenten Synapsen am basalen Pol der Haar-

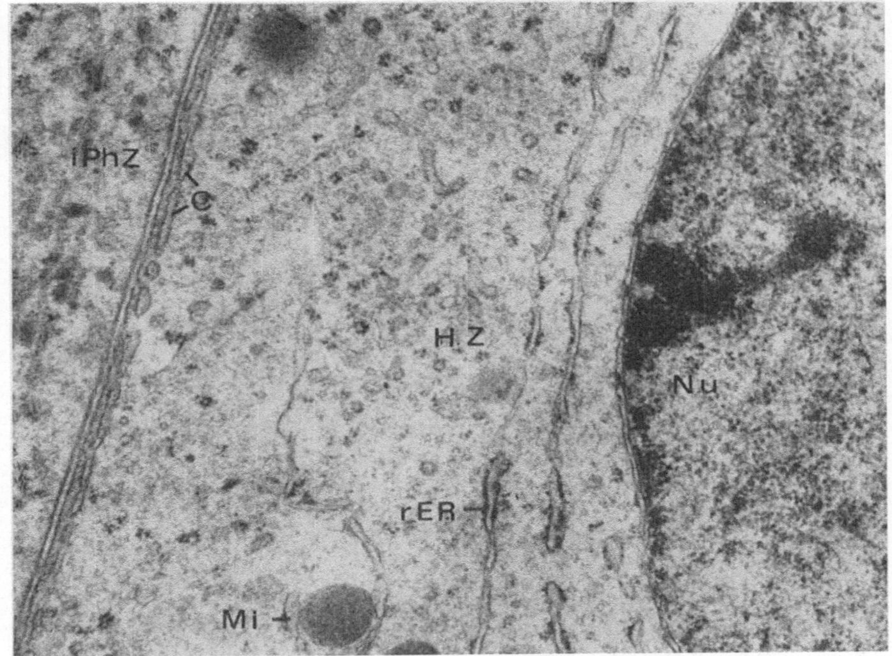

Abb. 14. *Innere Haarzelle, lateraler Bereich* (63. Entwicklungstag, Basalwindung). Im Cytoplasma Mitochondrien, Cisternen des rauhen endoplasmatischen Reticulums und freie Polysomen, nahe dem Plasmalemm zur benachbarten inneren Phalangenzelle glattwandige, flache Cisternen *C. Nu* Zellkern. Uranylacetat-Bleicitrat-Kontrastierung. 30000:1

zellen gleicht im wesentlichen dem der Basalwindung am 40. Entwicklungstag. Das innere Spiralbündel tritt unterhalb der inneren Haarzelle deutlich hervor; in den neuronalen Fortsätzen (Durchmesser 0,1–1,5 µm) erkennt man auf den Querschnitten entweder Neurotubuli oder Neurofilamente. — Das Bild der Basilarmembran entspricht dem für die 4. Windung geschilderten.

2. Windung (3 Objekte). Im geschlossenen Epithelverband der Basialplatte sind die Interzellularfugen unverändert schmal (Abb. 7). Auch unterhalb der Membrana reticularis finden sich zwischen den Epithelzellen vereinzelte Desmosomen. In das Cytoplasma der Stützzellen ist etwas Glykogen eingelagert. — Der Aspekt der Sinneszellen entspricht bezüglich Sinneshaaren, Kopfplatten, afferenten und efferenten Synapsen dem in der gleichen Windung am 40. Entwicklungstag geschilderten. — Der Befund an der Basilarmembran gleicht dem bei der 3. und 4. Windung.

Basalwindung (3 Objekte). Das Cytoplasma der Stützzellen, besonders der Pfeilerzellen, enthält Glykogen. Die apikale Oberfläche der inneren Stützzellen ist dicht mit bis zu 1,5 µm langen Mikrovilli besetzt; diese stehen in engem Kontakt zu den Filamenten der Membrana tectoria (Abb. 8a).

Eine entscheidende Änderung gegenüber allem bisher Beschriebenen ist bei zwei untersuchten Objekten das partielle Auseinanderweichen von Plasmalemmata benachbarter Zellen in umschriebenen Bereichen. In einem dieser Objekte erfährt der bislang geschlossene Epithelverband die erste Ausbildung eines zunächst

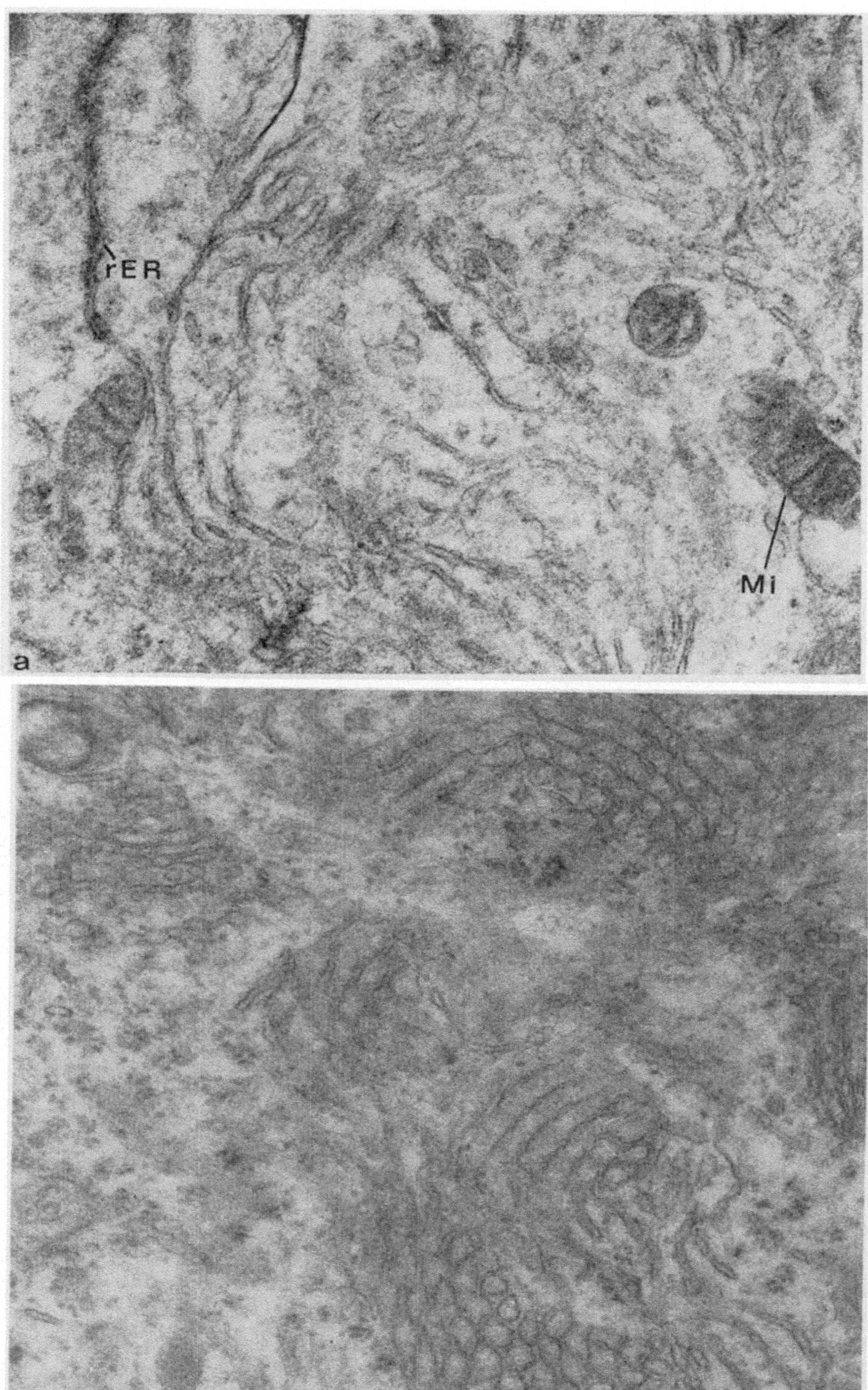

Abb. 15a u. b

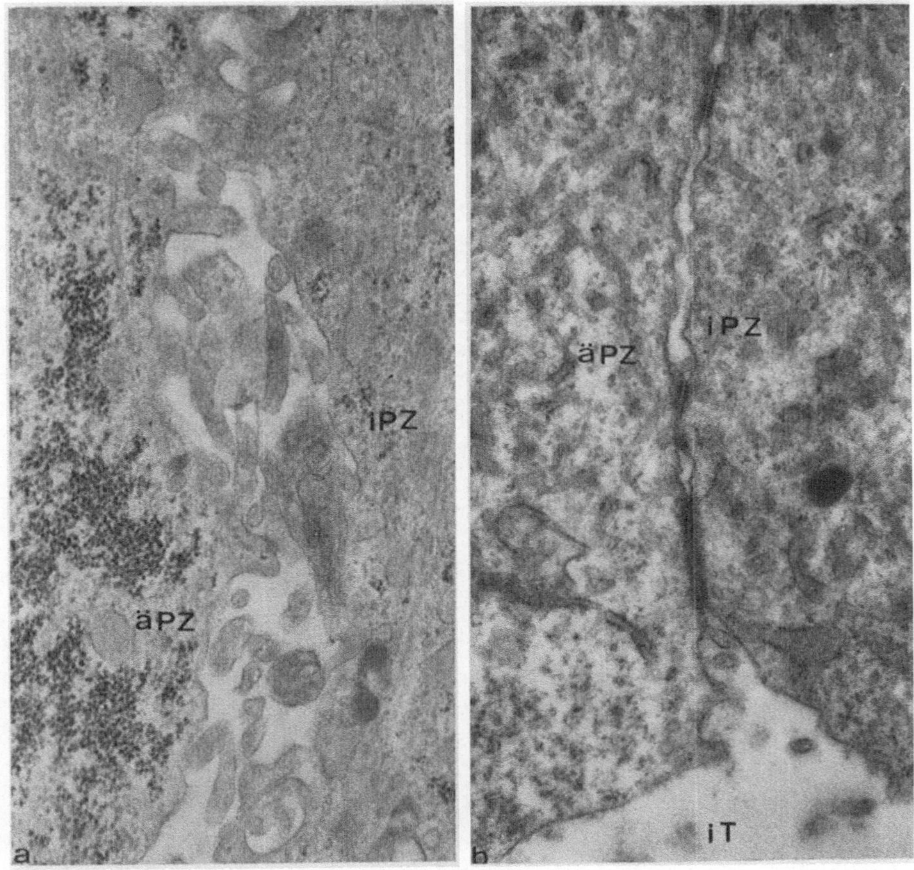

Abb. 16a u. b

Abb. 15a u. b. *Äußere Haarzelle, subapikaler Bereich.* (a) 50. Entwicklungstag, Basalwindung. Neben Mitochondrien zahlreiche, zum Teil gleich gerichtete, glattwandige, flache Cisternen; im linken Bildteil ist die Verbindung zu Cisternen des rauhen endoplasmatischen Reticulums sichtbar. Uranylacetat-Kontrastierung. 36000:1. (b) 55. Entwicklungstag, 4. Windung. In der weiteren Entwicklung ordnen sich die glattwandigen Cisternen parallel bzw. konzentrisch an; es besteht keine Verbindung mehr zu Räumen des rauhen endoplasmatischen Reticulums. Uranylacetat-Kontrastierung. 36000:1

Abb. 16. (a) *Beginnende Bildung des inneren Tunnels* (46. Entwicklungstag, 2. Windung). Auf diesem Stadium stellt der künftige innere Tunnel einen schmalen Spalt zwischen den supranucleären Bereichen der beiden Pfeilerzellen dar; beide Zellen entsenden zahlreiche Mikrovilli in diesen Spalt. In der äußeren Pfeilerzelle reichlich Glykogen. Uranylacetat-Kontrastierung. 20000:1. (b) *Fortgeschrittene Bildung des inneren Tunnels* (51. Entwicklungstag, 3. Windung). Apikalwärts von dem bereits breit eröffneten Teil des inneren Tunnels sind die beiden Pfeilerzellen durch Desmosomen verbunden. Uranylacetat-Kontrastierung. 20000:1

0,1–0,5 μm schmalen extrazellulären Raumes zwischen den supranucleären Bereichen der äußeren und inneren Pfeilerzelle (vgl. Abb. 16a). Vom lateralen Plasmalemm beider Pfeilerzellen ragen zahlreiche Mikrovilli in diesen Spaltraum, in dem sich die beginnende Bildung des *inneren Tunnels* ausdrückt. Apikal von dem genannten Spaltraum ist die Verhaftung beider Pfeilerzellen durch eine große

41

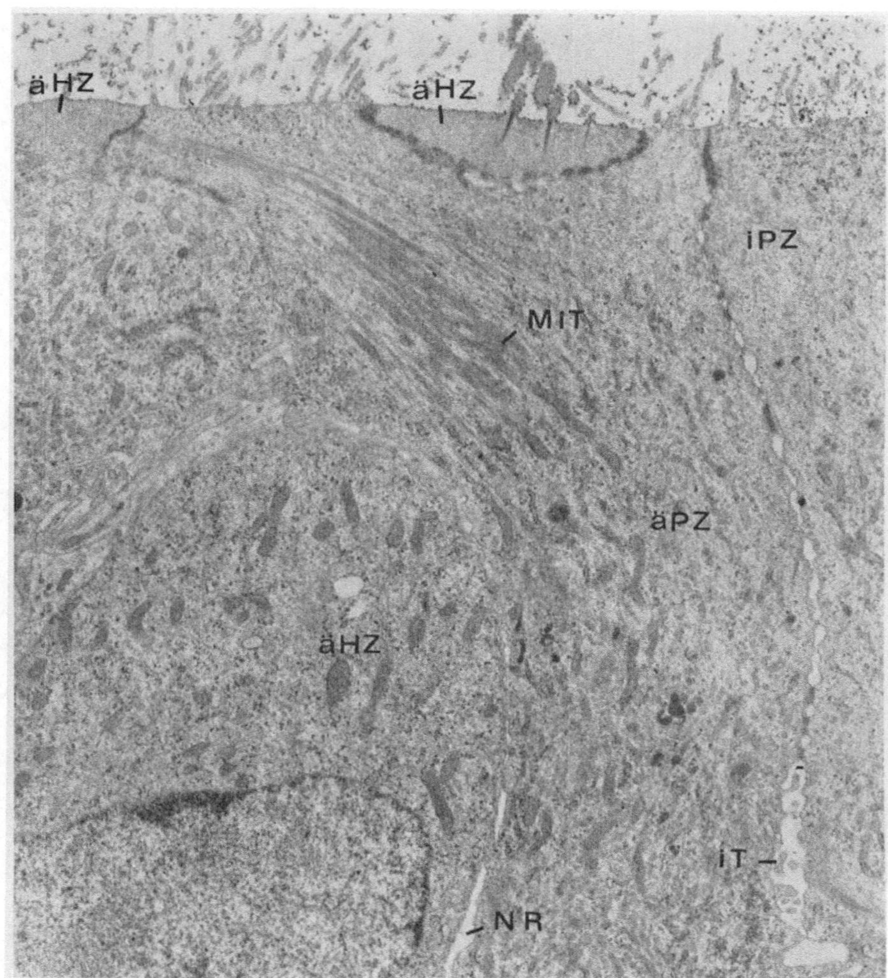

Abb. 17. *Bildung des inneren Tunnels und des Nuelschen Raumes*, Übersicht (50. Entwicklungstag, 4. Windung). Beide Corti-Lymphräume sind als Spalträume in Höhe des supranucleären Bereiches der Pfeilerzellen zu sehen. Im apikalen Bereich der Pfeilerzellen sind zwischen aufgeweiteten Interzellularräumen noch Desmosomen vorhanden (innerer Tunnel); im apikalen Bereich zwischen äußerer Pfeilerzelle und erster äußerer Haarzelle fehlen Desmosomen bis auf die Membrana reticularis (Nuelscher Raum). Die leicht schräge Schnittführung läßt erkennen, wie die äußere Pfeilerzelle den apikalen Teil der ersten äußeren Haarzelle umgreift und sich in der Membrana reticularis mit dieser und der zweiten äußeren Haarzelle verbindet. Uranylacetat-Bleicitrat-Kontrastierung. 8 000:1

Zahl von Desmosomen, die in die Membrana reticularis übergehen, verstärkt (vgl. Abb. 16b und Abb. 17). Basal vom Spalt, das ist im Kern- und infranucleären Bereich der Zellen, sind die Zellen noch dicht aneinandergefugt; nur an ganz wenigen Stellen sind kurze Dehiscenzen (bis zu 0,15 µm) wahrzunehmen. Im zweiten Objekt ist der innere Tunnel als 0,2–1,2 µm breiter Spalt erkennbar. Außerdem ist in gleicher Höhe ein weiterer Spaltraum zu konstatieren, den medial die äußere Pfeilerzelle und lateral die erste äußere Haarzelle (vgl. Abb. 17), weiter basal die erste äußere Phalangenzelle (Deiters) begrenzen. Dieser Spalt ist 0,1–0,2 µm breit und stellt die Vorstufe des *Nuelschen Raumes* dar. Zwei Besonderheiten sind hier bemerkenswert: 1. Nur die äußere Pfeilerzelle entsendet in diesen Raum Mikrovilli. 2. Apikal von diesem Spalt sind äußere Pfeilerzelle und erste äußere Haarzelle lediglich im Bereich der Membrana reticularis desmosomal verbunden. — Im Gegensatz zu diesen beiden Objekten ist beim dritten Objekt der Zellverband noch geschlossen.

Die Sinneshaare der inneren Haarzellen messen im Schaftbereich unverändert ca. 270 nm; der Durchmesser der Sinneshaare der äußeren Haarzellen hat im Schaftbereich auf ca. 220 nm zugenommen. Der Synapsenbereich am basalen Pol der Sinneszellen entspricht dem bei der gleichen Windung am 40. Entwicklungstag. — Das Bild der Basilarmembran gleicht dem in der 2. bis 4. Windung.

42. Entwicklungstag

Spitzenwindung. Das Entwicklungsstadium ähnelt sehr dem der 4. Windung am 36. Entwicklungstag. Der geschlossene Epithelverband der Basalplatte ist noch nicht in einen medialen und einen lateralen Wulst gegliedert. Die Interzellularfugen sind ca. 21 nm breit. Die Membrana reticularis ist bereits vorhanden: Unmittelbar unter der freien Oberfläche finden sich Desmosomen zwischen den Epithelzellen.

Die Epithelzellen sind noch immer nicht in Sinnes- und Stützzellen zu differenzieren. Die Zellkerne weisen zum Teil tiefe Einbuchtungen auf. Das Cytoplasma ist reich an Zellorganellen und enthält stellenweise etwas Glykogen und in manchen Zellen einzelne Lysosomen. An ihrer apikalen Oberfläche tragen die Zellen Mikrovilli (Durchmesser ca. 100 nm), einige auch eine Kinocilie. Neuronale Fortsätze sind im Epithel der Basalplatte noch nicht nachweisbar.

Die Basilarmembran (Dicke ca. 0,3 µm) besteht aus Grundsubstanz und wenigen eingelagerten Fibrillen. Sie ist noch nicht in eine Pars tecta und Pars pectinata gegliedert. An ihrem oberen Rand ist eine ca. 20 nm dicke fibrillenfreie Schicht vorhanden.

4. Windung (2 Objekte). Das Cytoplasma der Stützzellen, vor allem der Pfeilerzellen, enthält Glykogen. — Die Sinneshaare der äußeren Haarzellen messen im Schaftbereich ca. 190 nm, im Halsbereich unverändert ca. 100 nm, die der inneren Haarzellen im Schaftbereich ca. 250 nm, im Halsbereich ca. 140 nm. In den Sinneshaaren erkennt man jetzt außer der bereits beschriebenen Längszeichnung stellenweise undeutlich eine Gliederung in Mark- und Rindenzone. Die Anlage der Wurzeln der Sinneshaare ist hier in der 4. Windung noch auf den Halsbereich beschränkt. Die Ausdehnung der Kopfplatten ist seit dem 40. Entwicklungstag gleich geblieben. — Am basalen Pol der Sinneszellen sind die afferenten Synapsen — wie am 40. Entwicklungstag in der 2. Windung beschrieben — vollständig ausgebildet; auch das Entwicklungsstadium der efferenten Synapsen entspricht dem in der 2. Windung am 40. Entwicklungstag geschilderten Bild. — Die Basilarmembran zeigt gegenüber dem einen Tag jüngeren Stadium keine Veränderung.

3. Windung (2 Objekte). Das Bild ähnelt weitgehend dem in der gleichen Windung am 41. Entwicklungstag. Jetzt lassen sich auch unter dem lateralen Plasmalemm der äußeren Haarzellen stellenweise glattwandige Profile schmaler Cisternen (Durchmesser ca. 25 nm) beobachten.

2. Windung (2 Objekte). Die diffuse Einlagerung von Glykogen im Cytoplasma der Pfeilerzellen hat zugenommen. Erstmals ist die Anlage des inneren Tunnels auch in der 2. Windung als zunächst 0,1–0,6 μm schmaler extrazellulärer Raum zwischen den supranucleären Bereichen der äußeren und inneren Pfeilerzelle nachweisbar, während die Eröffnung des Nuelschen Raumes noch nicht begonnen hat. — Die Sinneshaare und die Kopfplatten der Haarzellen weisen gegenüber dem zwei Tage jüngeren Entwicklungsstadium keine Veränderungen auf. Das Bild der Synapsen entspricht dem der Basalwindung am 40. Entwicklungstag. — Der Befund an der Basilarmembran gleicht dem am 41. Entwicklungstag in der 4. Windung geschilderten.

Basalwindung. Im Cytoplasma von Sinnes- und Stützzellen fallen jetzt 140–300 nm weite Cisternen des granulären endoplasmatischen Reticulums auf; ferner sind wieder stellenweise Lysosomen und apikal ganz vereinzelt multivesikuläre Körper vorhanden. Wie bei der 2. Windung enthalten die Pfeilerzellen reichlich Glykogen im Cytoplasma. Der dort beschriebene Spaltraum zwischen diesen Zellen zeigt unverändertes Aussehen. Die Anlage des Nuelschen Raumes ist als Spaltraum zwischen der äußeren Pfeilerzelle einerseits und der ersten äußeren Haarzelle und der ersten äußeren Phalangenzelle andererseits wahrnehmbar. Dieser Spalt ist an den meisten Stellen bis zu 0,4 μm, in der Umgebung neuronaler Fortsätze bis zu 0,9 μm breit. — Zwischen den übrigen Epithelzellen sind manche Interzellularfugen jetzt geringfügig (bis 40 nm) verbreitert; nur zwischen der inneren Pfeiler- und der inneren Haarzelle werden stellenweise bis 150 nm breite Zellabstände gemessen.

Die Dicke der Sinneshaare hat im Schaftbereich bei den äußeren Haarzellen auf ca. 200 nm, bei den inneren auf ca. 300 nm zugenommen, doch ist die Dicke der Sinneshaare im Halsbereich bei beiden Arten von Sinneszellen unverändert. Die Kopfplatten der äußeren Haarzellen sind hier ca. 1 μm, die der inneren ca. 1,1 μm hoch. — Die Ausbildung der afferenten und efferenten Synapsen am basalen Pol der Sinneszellen entspricht dem Bild am 40. Entwicklungstag in der Basalwindung — mit dem einen Unterschied, daß die kernhaltigen Vesikel im basalen Cytoplasma der Sinneszellen nicht mehr gefunden werden, wogegen sie in neuronalen Fortsätzen weiterhin anzutreffen sind. — Der Aspekt der Basilarmembran unterscheidet sich nicht von dem am 41. Entwicklungstag bei der 4. Windung beschriebenen.

43. Entwicklungstag

3. Windung. Der Epithelverband ist noch geschlossen; die Interzellularfugen sind nicht verbreitert. In das Cytoplasma der Stützzellen ist Glykogen eingelagert. Im Cytoplasma der Hensenschen Zellen findet sich außer zahlreichen Lipidtropfen vermehrt granuläres endoplasmatisches Reticulum. — Es sind afferente Synapsen mit Synapsenstäbchen und — in geringerer Anzahl — efferente Synapsen mit Anhäufungen von hellen Vesikeln an der präsynaptischen Membran und mit subsynaptischen Cisternen im postsynaptischen Cytoplasma ausgebildet. Kernhaltige Vesikel werden nur in neuronalen Fortsätzen angetroffen. — Das Bild der Basilarmembran entspricht dem bei der 4. Windung am 41. Entwicklungstag beschriebenen.

2. Windung. Das Cytoplasma der Stützzellen enthält Glykogen. In Übereinstimmung mit dem Befund bei der gleichen Windung am 42. Entwicklungstag ist der Nuelsche Raum noch gar nicht, der innere Tunnel erst als ein schmaler Spalt, in den Mikrovilli ragen, angelegt. — Die Maße der Sinneshaare entsprechen denen in der Basalwindung am 42. Entwicklungstag. Die Kopfplatten der äußeren Haarzellen messen hier ca. 0,8 μm, die der inneren Haarzellen ca. 1 μm. Im basalen Cytoplasma der Sinneszellen sind kernhaltige Vesikel zu beobachten, zum Teil im Bereich der afferenten Synapsen. Das Bild der efferenten Synapsen entspricht dem in der 3. Windung. — Die Basilarmembran weist keine Unterschiede auf gegenüber der 3. Windung am gleichen Entwicklungstag und der 4. Windung am 41. und 42. Entwicklungstag.

44. Entwicklungstag

3. Windung. In das Cytoplasma der Stützzellen, vor allem der Pfeilerzellen, ist reichlich Glykogen eingelagert. Der innere Tunnel hat jetzt die 3. Windung erreicht und ist als (bis zu 750 nm breiter) Spalt im supranucleären Bereich zwischen den beiden Pfeilerzellen zu sehen. Dagegen hat die Eröffnung des Nuelschen Raumes noch nicht begonnen. Im übrigen ist der Abstand zwischen den Plasmalemmata der Epithelzellen mit 25–30 nm unverändert. — Ebenso findet sich keine Änderung am Receptorpol der Haarzellen und an den afferenten und efferenten Synapsen. Kernhaltige Vesikel finden sich sowohl in neuronalen Fortsätzen als auch im basalen Cytoplasma der Haarzellen. — Keine weiteren Veränderungen an der Basilarmembran.

45. Entwicklungstag

Spitzenwindung. Der geschlossene Epithelverband der Basialplatte ist jetzt auch in der Spitzenwindung in einen medialen und einen lateralen Wulst gegliedert. Am apikalen Pol sind sämtliche Zellen noch mit gleichartigen Mikrovilli (Durchmesser ca. 100 nm) besetzt. Manche Zellkerne sind gebuchtet. Das Cytoplasma der Stützzellen enthält Glykogen, besonders ausgeprägt in den Claudiusschen Zellen und den Zellen des großen Epithelwulstes; letztere besitzen außerdem reichlich granuläres endoplasmatisches Reticulum, das wabenartige Anordnung zeigt.

An den Sinneszellen ist das apikale Cytoplasma organellenfrei und bereits geringgradig verdichtet. Dem basalen Pol der Sinneszellen liegen neuronale Endigungen an. Die unterschiedliche Ausbildung der künftigen afferenten und efferenten Synapsen ist bereits sichtbar. Die in Entwicklung begriffenen afferenten Synapsen sind durch kernhaltige Vesikel im präsynaptischen Cytoplasma der Sinneszelle und durch Neurotubuli im neuronalen Fortsatz gekennzeichnet. Die künftigen efferenten Synapsen zeigen vorerst nur helle Vesikel (Durchmesser 33–40 nm) im Inneren des neuronalen Fortsatzes. — Die Basilarmembran mißt bis ca. 0,7 μm, ihre fibrillenfreie Schicht unverändert ca. 20 nm. Pars tecta und Pars pectinata sind hier noch nicht unterscheidbar.

4. Windung. Der Epithelverband der Basialplatte ist weiterhin geschlossen (Abb. 19); lediglich unmittelbar oberhalb der Basilarmembran finden sich zwischen Claudiusschen Zellen bis zu 420 nm breite interzelluläre Räume. Das Cytoplasma der Pfeilerzellen enthält Glykogen und — erstmals in der 4. Windung — Mikrotubuli. — Die innere Haarzelle dringt mit basalen Cytoplasmafortsätzen zwischen

Stützzellen und neuronale Endigungen. Afferente Synapsen sind zahlreicher anzutreffen als efferente. Im basalen Cytoplasma der Haarzellen sind kernhaltige Vesikel zu beobachten.

3. Windung (4 Objekte). Die Glykogeneinlagerung in das Cytoplasma der Stützzellen ist besonders ausgeprägt bei der äußeren Pfeilerzelle. Im Cytoplasma der Stützzellen findet sich jetzt mehr granuläres endoplasmatisches Reticulum als in dem der Haarzellen; in den Deitersschen Zellen ist es vorwiegend in den Phalangen lokalisiert; in den Hensenschen Zellen und in den Stützzellen des großen Epithelwulstes ist es wabenartig angeordnet. Außer an den Haarzellen sind jetzt auch an einzelnen Hensenschen Zellen Protrusionen an der apikalen Oberfläche zu sehen. Die Oberfläche des großen Epithelwulstes ist üppig mit Mikrovilli besetzt (Abb. 8 b), die in engem Kontakt zu den Filamenten der Membrana tectoria stehen. — Der innere Tunnel ist im supranucleären Bereich zwischen den beiden Pfeilerzellen jetzt ein bis zu 1,2 μm breiter Spalt, in den diese Zellen zahlreiche Mikrovilli entsenden. Im Kern- und infranucleären Bereich liegen die Plasmalemmata der beiden Pfeilerzellen meist noch dicht nebeneinander (Abstand ca. 25–30 nm); an einzelnen Stellen weichen sie bis zu 150 nm auseinander. Die Eröffnung des Nuelschen Raumes hat in der 3. Windung noch nicht begonnen.

Die Maße der Sinneshaare gleichen denen vom 42. Entwicklungstag in der Basalwindung. Die Dicke der Kopfplatten der inneren und äußeren Haarzellen entspricht der am 43. Entwicklungstag (2. Windung) beschriebenen. Das Cytoplasma der Haarzellen erscheint jetzt dichter als das der Stützzellen; Mitochondrien vom Crista-Typ finden sich, vor allem in den äußeren Haarzellen, gehäuft unmittelbar unter der Kopfplatte und am basalen Pol in Synapsennähe. Gegenüber den efferenten sind die afferenten Synapsen durch größere Zahl, stärkeres Kaliber des neuronalen Fortsatzes und ausgedehntere Kontaktfläche gekennzeichnet. Die wenigen efferenten Synapsen findet man bevorzugt an den inneren Haarzellen. Auch auf diesem Entwicklungsstadium sind noch kernhaltige Vesikel im basalen Cytoplasma der Haarzellen, vor allem im Bereich afferenter Synapsen, zu sehen. Daneben finden sich kernhaltige Vesikel auch in neuronalen Fortsätzen und ganz vereinzelt sogar in den Phalangen der Deitersschen Zellen. — An der Basilarmembran sind keine weiteren Veränderungen festzustellen.

2. Windung. Wie in der 3. Windung ist Glykogen vor allem in das Cytoplasma der äußeren Pfeilerzelle eingelagert. Im vorliegenden Objekt sind an der apikalen Oberfläche auch der Claudiusschen Zellen ganz vereinzelt Protrusionen zu sehen. Zwischen den Plasmalemmata dieser Zellen finden sich, vorwiegend basal, einzelne bis zu 1 μm breite interzelluläre Räume. — Die afferenten Synapsen sind zahlreicher als die efferenten. Auffallenderweise ist das Cytoplasma der Haarzellen hier frei von kernhaltigen Vesikeln.

46. Entwicklungstag

4. Windung. Sämtliche Stützzellen des großen Epithelwulstes enthalten reichlich granuläres endoplasmatisches Reticulum, manche auch Glykogen. Besonders viel Glykogen ist im Cytoplasma der Pfeilerzellen angereichert. Einzelne Zellkerne von Stützzellen sind stark eingebuchtet. — Der innere Tunnel ist jetzt bis zur 4. Windung vorgedrungen; im supranucleären Bereich zwischen den beiden Pfeilerzellen mißt der Spalt bis ca. 1 μm. Apikal von diesem Spaltraum finden sich zwischen den Pfeilerzellen zahlreiche Desmosomen. Die Eröffnung des Nuelschen Raumes hat noch nicht begonnen.

Der Durchmesser der Sinneshaare beträgt im Schaftbereich ca. 270 nm bei den inneren, ca. 190 nm bei den äußeren Haarzellen. Im Halsbereich haben die Sinneshaare ihren endgültigen Durchmesser von ca. 150 nm bei den inneren Haarzellen und ca. 130 nm bei den äußeren erreicht. Die Wurzeln der Sinneshaare sind hier in der 4. Windung noch auf den Halsbereich beschränkt. Die Kopfplatten (Dicke ca. 0,9 µm bei den inneren und ca. 0,8 µm bei den äußeren Haarzellen) weisen eine feingranuläre Struktur auf. — Am basalen Pol der Sinneszellen finden sich mehr afferente als efferente Synapsen. Wieder sind im basalen Cytoplasma der Haarzellen kernhaltige Vesikel zu beobachten, die zum Teil der verdickten synaptischen Membran afferenter Synapsen anliegen.

3. Windung. Das Cytoplasma der Pfeilerzellen enthält Glykogen. Der innere Tunnel ist als Spalt (maximale Breite ca. 1 µm) vorhanden. Apikal von ihm sind die zwischen den einzelnen Desmosomen verlaufenden Interzellularfugen auf ca. 50 nm verbreitet. Basal von dem Spalt — im Kern- und infranucleären Bereich — sind vereinzelte Dehiscenzen der Plasmalemmata der Pfeilerzellen (bis ca. 150 nm) festzustellen. Eben beginnt sich ein Spalt (bis ca. 45 nm breit), der künftige Nuelsche Raum, zwischen der ersten äußeren Haarzelle, der ersten Deitersschen Zelle und der äußeren Pfeilerzelle zu bilden; nur die letztgenannte entsendet einzelne kurze Mikrovilli in diesen Spalt. Im vorliegenden Objekt sind auch zwischen den äußeren Haarzellen und den Deitersschen Zellen erstmals schmale Spalträume zu erkennen. Neuronale Fortsätze sind hier in das Cytoplasma der Deitersschen Zellen eingestülpt. Die Interzellularfugen zwischen den übrigen Epithelzellen sind jetzt geringfügig (bis ca. 42 nm) verbreitert. — Der Durchmesser der Sinneshaare im Schaftbereich entspricht dem in der Basalwindung am 42. Entwicklungstag. Die Höhe der Kopfplatten (ca. 1 µm bei den inneren und ca. 0,8 µm bei den äußeren Haarzellen) entspricht der in der 2. Windung am 43. Entwicklungstag. — Am basalen Pol der Haarzellen, dessen Cytoplasma kernhaltige Vesikel enthält, finden sich vorwiegend afferente, in geringerer Anzahl efferente Synapsen.

2. Windung (2 Objekte). Im Cytoplasma der Pfeilerzellen ist Glykogen besonders basal angereichert, in ihrer Längsachse fällt jetzt eine bündelförmige Anordnung von Mikrotubuli (Durchmesser ca. 15 nm) auf. Die Stützzellen des großen Epithelwulstes tragen an ihrer apikalen Oberfläche massenhaft Mikrovilli, einzelne Stütz- und Sinneszellen je eine Kinocilie. — Der innere Tunnel (Abb. 16a) ist in Höhe des supranucleären Bereiches der Pfeilerzellen 0,1–1,2 µm breit; stellenweise wird er von durchziehenden neuronalen Fortsätzen auf maximal 2,4 µm verbreitert. Ganz analog wird der 0,1–0,7 µm breite Nuelsche Raum an entsprechenden Stellen auf ca. 1,2 µm verbreitert. Apikal vom inneren Tunnel beträgt der Abstand der Plasmalemmata der Pfeilerzellen zwischen den Desmosomen bis zu 70 nm. Zwischen den Hensenschen und den Claudiusschen Zellen sind vereinzelte Desmosomen und außerdem bis zu 190 nm breite interzelluläre Räume zu sehen. — An den inneren Haarzellen hat der Durchmesser der Sinneshaare im Schaftbereich auf ca. 310 nm zugenommen, während er an den äußeren Haarzellen mit ca. 200 nm unverändert geblieben ist. Die Kopfplatten der inneren Haarzellen sind jetzt bis ca. 1,2 µm, die der äußeren bis ca. 1 µm dick. Am basalen Pol der Haarzellen überwiegen weiterhin die afferenten Synapsen an Zahl. Kernhaltige Vesikel sind im basalen Cytoplasma der Sinneszellen nicht mehr vorhanden, jedoch weiterhin in neuronalen Fortsätzen. — Der Aspekt der Basilarmembran entspricht dem am 41. Entwicklungstag in der 4. Windung.

47. Entwicklungstag

4. Windung. In das Cytoplasma der Stützzellen ist, besonders bei manchen Zellen des großen Epithelwulstes, Glykogen eingelagert; ferner finden sich in ihnen einzelne Lipidtropfen und vereinzelt apikal gelegene multivesikuläre Körper. Im Cytoplasma der Sinneszellen sind jetzt erstmals wieder Glykogeneinlagerungen zu sehen. Zahlreiche Zellkerne von Stützzellen weisen tiefe Einbuchtungen auf. Die Eröffnung der Corti-Lymphräume ist gegenüber dem einen Tag jüngeren Entwicklungsstadium nicht fortgeschritten. — Der Durchmesser der Sinneshaare beträgt im Schaftbereich bei den inneren Haarzellen bis ca. 300 nm, bei den äußeren bis ca. 200 nm. Die Dicke der Kopfplatten ist gegenüber dem 46. Entwicklungstag in der gleichen Windung unverändert. Am basalen Pol der Haarzellen sind afferente und — in geringerer Anzahl — efferente Synapsen vorhanden. Kernhaltige Vesikel finden sich nur in neuronalen Fortsätzen.

3. Windung. Die Glykogeneinlagerung ist besonders ausgeprägt bei der äußeren Pfeilerzelle. Das Cytoplasma der Sinneszellen enthält hier nur wenig Glykogen. Die Sinneshaare der äußeren Haarzellen haben jetzt im Schaftbereich ihren endgültigen Durchmesser von ca. 230 nm erreicht. Darüberhinaus sind gegenüber dem einen Tag jüngeren Entwicklungsstadium keine Veränderungen festzustellen.

48. Entwicklungstag

3. Windung. Nach Einsenkung der Epitheloberfläche im medialen Bereich des großen Wulstes zum Sulcus spiralis internus (s. S. 20) tragen die der inneren Haarzelle zunächst liegenden inneren Stützzellen noch sehr zahlreiche Mikrovilli, dagegen fehlen sie den am Boden des Sulcus gelegenen isoprismatischen Zellen vollständig. Im Cytoplasma der Hensenschen Zellen finden sich besonders reichlich granuläres endoplasmatisches Reticulum und Lipidtropfen. Das Cytoplasma der Pfeilerzellen enthält weiterhin erheblich mehr Glykogen als das der übrigen Stützzellen und der Haarzellen. Im Cytoplasma der Pfeiler- und der Deitersschen Zellen sind wieder längsverlaufende Bündel von Mikrotubuli wahrzunehmen. — Der innere Tunnel und der Nuelsche Raum sind schmale Spalträume in Höhe des supranucleären Bereiches der Pfeilerzellen. Apikal und basal ist die Eröffnung beider Räume seit dem 46. Entwicklungstag nicht merklich fortgeschritten. Ebensowenig ist an den Haarzellen eine Veränderung gegenüber dem 47. Entwicklungstag und an den Synapsen gegenüber dem 46. und 47. Entwicklungstag wahrzunehmen. Kernhaltige Vesikel sind ausschließlich in neuronalen Fortsätzen vorhanden. — An der Basilarmembran stellen sich Pars tecta und Pars pectinata unverändert dar.

2. Windung (2 Objekte). In den medialen Stützzellen wie in den Hensenschen Zellen fällt besonders viel granuläres endoplasmatisches Reticulum auf. An der freien Oberfläche der Deitersschen und der Hensenschen Zellen tritt an den Mikrovilli deutlich eine Längszeichnung hervor; sie erstreckt sich bis in das

apikale Cytoplasma. Glykogeneinlagerungen finden sich wieder besonders reichlich im Cytoplasma der Pfeilerzellen, weniger in dem der übrigen Stützzellen und
der Haarzellen. — Der innere Tunnel hat sich bis auf ca. 4 μm erweitert; in ihn
ragen noch immer zahlreiche vom Plasmalemm der Pfeilerzellen ausgehende
Mikrovilli. Apikal vom inneren Tunnel finden sich weiterhin zwischen den
Pfeilerzellen zahlreiche Desmosomen. Im Kern- und infranucleären Bereich beträgt der Abstand zwischen den Plasmalemmata der beiden Pfeilerzellen an
einzelnen umschriebenen Stellen bis zu 0,5 μm. Der Nuelsche Raum ist bis zu
1,2 μm breit; auch er enthält noch zahlreiche vom Plasmalemm der äußeren
Pfeilerzelle ausgehende Mikrovilli. Zwischen den äußeren Haarzellen und den
Deitersschen Zellen sind auch hier schmale Spalträume sichtbar. Dagegen sind
die dritte äußere Haarzelle, die Phalanx der dritten Deitersschen Zelle und die
Hensenschen Zellen noch dicht miteinander verfugt: die Anlage des äußeren
Tunnels kündigt sich überhaupt noch nicht an.

Während am Receptorpol der Haarzellen (Abb. 9b) keine weiteren Veränderungen auftreten, läßt sich an ihrem basalen Pol konstatieren, daß durch das
Entstehen weiterer efferenter Synapsen (Abb. 11b) das Überwiegen der Häufigkeit der afferenten Synapsen vermindert wird. Weiterhin besitzen die afferenten
Synapsen eine erheblich größere Kontaktfläche als die efferenten. Ein Teil der
neuronalen Fortsätze enthält kernhaltige Vesikel; vereinzelt finden sich solche
auch im basalen Cytoplasma von Haarzellen. — Die Pars tecta der Basilarmembran ist jetzt bis ca. 1,6 μm dick.

Basalwindung (2 Objekte). Das Cytoplasma der Hensenschen Zellen und der
inneren Stützzellen enthält reichlich granuläres endoplasmatisches Reticulum
sowie Lipidtropfen.

In *einem* der beiden untersuchten Objekte ist der innere Tunnel im supranucleären Bereich zwischen den Pfeilerzellen breit eröffnet; hier finden sich nur
noch wenige vom lateralen Plasmalemm der Pfeilerzellen ausgehende Mikrovilli.
Apikal vom inneren Tunnel sind die Plasmalemmata der Pfeilerzellen weiterhin
durch zahlreiche Desmosomen miteinander verhaftet (vgl. Abb. 16b). Auch basal,
im Kern- und infranucleären Bereich, liegen die Pfeilerzellen — hier ohne Desmosomen — noch dicht nebeneinander. Der Nuelsche Raum ist in der gleichen
Höhe als breiter Spalt sichtbar, in den noch zahlreiche Mikrovilli der äußeren
Pfeilerzelle ragen. Apikal vom Nuelschen Raum finden sich desmosomale Verhaftungen ausschließlich in der Membrana reticularis. Ferner sind breite Spalten
zwischen den äußeren Haarzellen und den Deitersschen Zellen nachweisbar.

Im *anderen* Objekt sind dagegen der innere Tunnel und der Nuelsche Raum
erst schmale Spalträume, in die zahlreiche Mikrovilli ragen. Die Glykogeneinlagerungen im Cytoplasma der Pfeilerzellen sind hier noch wesentlich dichter
als in dem oben beschriebenen ersten Objekt, bei dem die Eröffnung der Corti-
Lymphräume schon wesentlich fortgeschritten ist.

Dagegen ist im (geringen) Glykogengehalt des Cytoplasmas der Haarzellen
kein Unterschied zwischen den beiden Objekten festzustellen. Der Durchmesser der
Sinneshaare der inneren Haarzellen hat im Schaftbereich auf ca. 330 nm zugenommen. Der in die Kopfplatte reichende Teil der Wurzeln der Sinneshaare ist
jetzt von einer helleren Zone, dem „Wurzelkanal" (Flock, 1964) umgeben (vgl.
Abb. 9d). Die Kopfplatten der inneren Haarzellen sind hier bis ca. 1,5 μm, die
der äußeren Haarzellen ca. 1,1 μm dick. Die Anzahl der glattwandigen, flachen
Cisternen unter dem lateralen Plasmalemm der äußeren und inneren Haarzellen

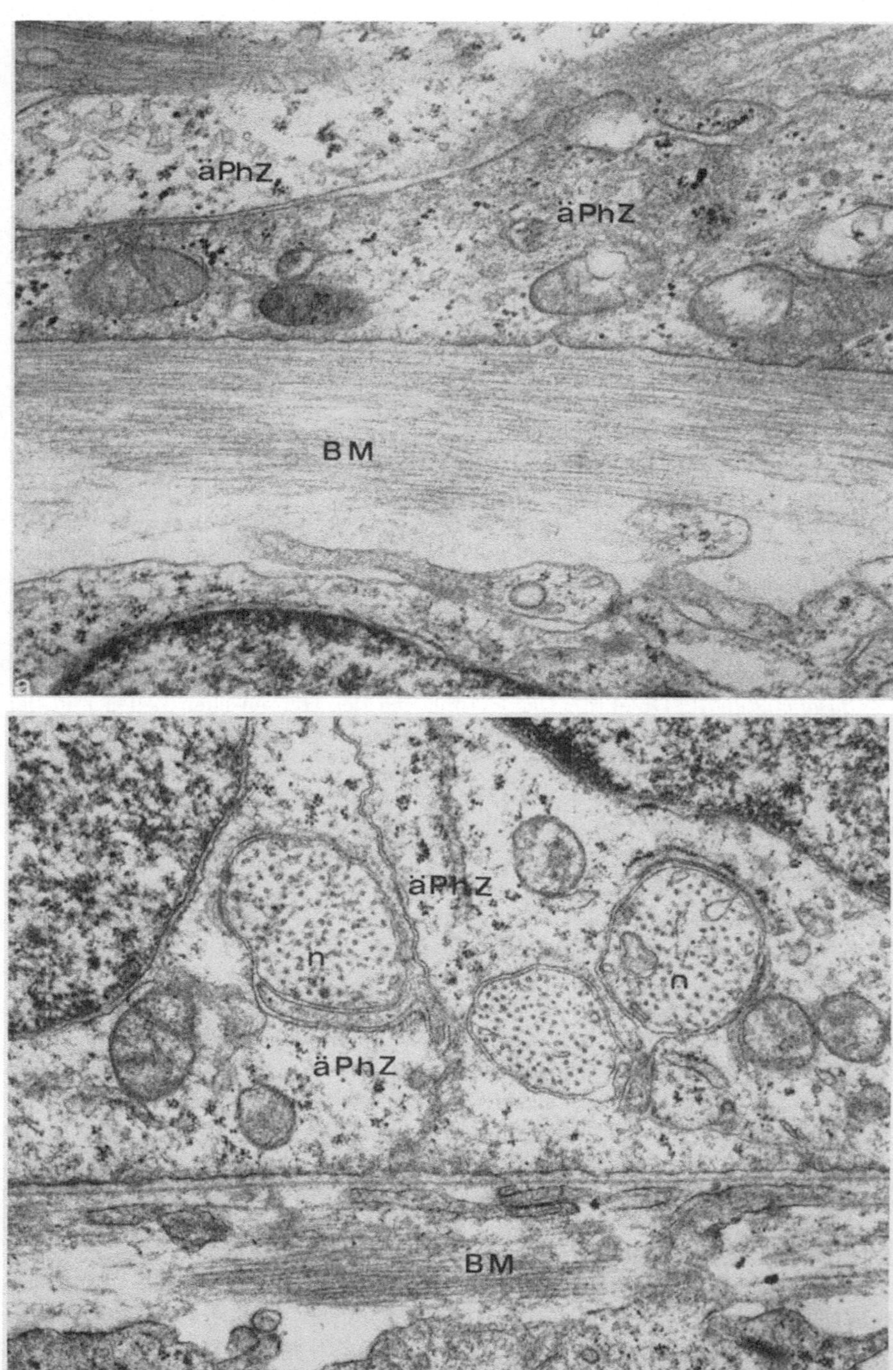

Abb. 18

hat zugenommen. Am basalen Pol der Haarzellen überwiegen die afferenten Synapsen gegenüber den efferenten noch immer hinsichtlich Ausdehnung und Zahl. Kernhaltige Vesikel sind nur im Cytoplasma neuronaler Fortsätze zu finden. — Die Pars tecta der Basilarmembran (Abb. 18a) ist wie in der 2. Windung bis ca. 1,6 μm dick; die Pars pectinata mißt jetzt bis ca. 4,8 μm. Die Dicke der fibrillenfreien Schicht ist mit ca. 20 nm unverändert.

49. Entwicklungstag

2. Windung. Im Cytoplasma der Stützzellen, besonders der Pfeilerzellen, finden sich weiterhin Glykogeneinlagerungen. Die Anlagen des inneren Tunnels und des Nuelschen Raumes sind im vorliegenden Objekt erst als schmale Spalten zu sehen. — Die Maße der Sinneshaare entsprechen denen in der Basalwindung am 48. Entwicklungstag. Die Kopfplatten der inneren Haarzellen messen bis ca. 1,5 μm, die der äußeren bis ca. 1 μm Dicke. Sonst hat sich das Bild der Sinneszellen nicht verändert.

Basalwindung (3 Objekte). Im Cytoplasma der Stütz- und Sinneszellen sind auffallend weite Cisternen des granulären endoplasmatischen Reticulums und Glykogen vorhanden, beide Strukturen besonders reichlich in den Pfeilerzellen. Diese, wie auch die Deitersschen Zellen, enthalten dicht gepackte Bündel von in Richtung der Zellachse verlaufenden Mikrotubuli. — In allen drei untersuchten Objekten sind der innere Tunnel und der Nuelsche Raum in Höhe des supranucleären Bereiches der Pfeilerzellen erst bis zu ca. 120 nm breite Spalträume, in die eine Vielzahl vom lateralen Plasmalemm der Pfeilerzellen ausgehender Mikrovilli ragt. Apikal vom inneren Tunnel sind die Plasmalemmata der Pfeilerzellen durch zahlreiche Desmosomen verbunden; die Interzellularfugen zwischen den Desmosomen sind 25–50 nm breit, nur an einzelnen umschriebenen Stellen bis zu ca. 300 nm aufgeweitet. Im Kern- und infranucleären Bereich sind die Plasmalemmata der Pfeilerzellen ca. 30 nm, in kurzen Strecken bis ca. 110 nm voneinander entfernt.

Jetzt haben auch die Sinneshaare der inneren Haarzellen ihre definitive Stärke von ca. 370 nm im Schaftbereich erreicht. Bei beiden Arten von Haarzellen zeigt das Schnittbild der Wurzel der Sinneshaare zwei parallele Verdichtungen (Dicke ca. 20 nm, Abstand ca. 25 nm, Abb. 9c); offenbar handelt es sich bei der Wurzel um einen Tubulus (Spoendlin, 1966). Die Längszeichnung der Sinneshaare ist weiterhin vorhanden. Die Dicke der Kopfplatten beider Arten von Sinneszellen ist gegenüber dem einen Tag jüngeren Entwicklungsstadium bei der gleichen Windung unverändert. Unter dem lateralen Plasmalemm der äußeren und inneren Haarzellen sind weiter die glattwandigen Profile flacher

Abb. 18. (a) *Basilarmembran, Pars tecta* (48. Entwicklungstag, Basalwindung). In die Grundsubstanz der Basilarmembran sind zahlreiche Fibrillen (ca. 80 Å) eingelagert. Unten liegen Mesenchymzellen der tympanalen Belegschicht *ZTB* an. Uranylacetat-Bleicitrat-Kontrastierung. 24000:1. (b) *Basis der äußeren Phalangenzellen; neuronale Fortsätze* (40. Entwicklungstag, 3. Windung). Die sehr weit basal gelegenen Zellkerne sind in beiden oberen Ecken angeschnitten. Die drei (nach ihren Neurotubuli offenbar afferenten) neuronalen Fortsätze *n* sind tief in das Cytoplasma der Phalangenzellen eingesenkt und durch mesaxonartige Strukturen mit ihrer lateralen Oberfläche verbunden. Einzelne in der Basilarmembran gelegene, schmale Zellfortsätze scheinen mit Mesenchymzellen *ZTB* der unten anschließenden tympanalen Belegschicht in Verbindung zu stehen. Uranylacetat-Bleicitrat-Kontrastierung. 24000:1

Cisternen zu beobachten. Am basalen Pol finden sich afferente und — in geringerer Ausdehnung und Zahl — efferente Synapsen. Kernhaltige Vesikel sind nur in neuronalen Fortsätzen auffindbar.

50. Entwicklungstag

4. Windung. Das Cytoplasma der Sinnes- und Stützzellen, vor allem das der Pfeilerzellen, enthält Glykogen (Abb. 17) und einzelne Lysosomen. Das apikale Cytoplasma der Deitersschen Zellen ist besonders reich an granulärem endoplasmatischem Reticulum. Lipidtropfen sind vor allem im Cytoplasma der Hensenschen Zellen vorhanden. — Der innere Tunnel ist im supranucleären Bereich zwischen den beiden Pfeilerzellen als ein bis 1,9 μm breiter Spalt sichtbar, den viele von diesen Zellen ausgehende Mikrovilli anfüllen. Stellenweise umgreifen die Pfeilerzellen neuronale Fortsätze. Oberhalb des inneren Tunnels, zwischen den beiden Pfeilerzellen, finden sich noch immer zahlreiche Desmosomen, dazwischen aber schon bis ca. 4 μm lange und bis ca. 210 nm breite desmosomenfreie Spalträume (Abb. 17). In gleicher Höhe wie der innere Tunnel ist auch der Nuelsche Raum als Spalt angelegt (Abb. 17). Er ist in seinem apikalen Bereich, zwischen der äußeren Pfeiler- und der ersten äußeren Haarzelle, bis ca. 2,3 μm, in seinem basalen Bereich, zwischen der äußeren Pfeiler- und der ersten äußeren Phalangenzelle, bis ca. 300 nm breit. Auch in diesen Spaltraum entsendet das laterale Plasmalemm der äußeren Pfeilerzelle noch zahlreiche Mikrovilli. Ferner sind die Interzellularräume zwischen den äußeren Haarzellen und den Deitersschen Zellen verbreitert. Von den Deitersschen Zellen gehen in diesen Bereichen schmale Cytoplasmafortsätze aus, die neuronale Fortsätze umgreifen. Erstmals ist hier auch der Beginn der Eröffnung des *äußeren Tunnels* in Form eines schmalen Spaltes zwischen der dritten Deitersschen Zelle und den Hensenschen Zellen festzustellen. Schließlich sind auch in der Umgebung neuronaler Fortsätze sowie zwischen einzelnen Hensenschen Zellen stellenweise die interzellulären Räume etwas verbreitert.

Jetzt haben die Sinneshaare auch in der 4. Windung ihre definitive Stärke erreicht. Die Wurzeln der Sinneshaare beider Arten von Haarzellen haben einen Durchmesser von ca. 65 nm. Die Dicke der Kopfplatten der Haarzellen ist seit dem 46. Entwicklungstag unverändert. Im Cytoplasma der äußeren Haarzellen finden sich Anhäufungen von Mitochondrien unterhalb der Kopfplatte und basal in Synapsennähe. Im Bereich der zahlen- und auch ausdehnungsmäßig immer noch überwiegenden afferenten Synapsen sind stellenweise Einsenkungen der postsynaptischen Membran zu beobachten (Abb. 11a). Kernhaltige Vesikel sind jetzt definitiv nur in neuronalen Fortsätzen vorhanden.

3. Windung (2 Objekte). Zwischen den inneren Stützzellen sind auch etwas basal von der Membrana reticularis einzelne Desmosomen vorhanden; noch weiter basal finden sich zwischen ihnen einzelne bis zu 250 nm breite interzelluläre Räume, in die einzelne vom lateralen Plasmalemm dieser Zellen ausgehende Mikrovilli ragen. Das Cytoplasma der Sinnes- und Stützzellen enthält Glykogen. Der Glykogengehalt der Pfeilerzellen ist entsprechend dem Befund von der Basalwindung am 48. Entwicklungstag im ersten Objekt deutlich geringer als im zweiten. — Zugleich sind im ersten Objekt der innere Tunnel und der Nuelsche Raum in Höhe des supranucleären und auch des Kernbereiches der Pfeilerzellen breit eröffnet; das laterale Plasmalemm der Pfeilerzellen entsendet in diese Räume jetzt nur noch wenige Mikrovilli. Apikal vom inneren Tunnel ist eine Verhaftung der beiden Pfeilerzellen durch Desmosomen zwar noch erhalten, doch werden zwischen aufeinanderfolgenden Desmosomen bis zu 280 nm breite Dehiscenzen mit einzelnen Mikrovilli beobachtet. Unmittelbar oberhalb der Basilarmembran liegen die Plasmalemmata der beiden Pfeilerzellen und ebenso die der äußeren Pfeilerzelle und der ersten äußeren Phalangenzelle weiterhin dicht nebeneinander; dieser Sachverhalt ist definitiv. Am Boden des inneren Tunnels, in Kernhöhe, umhüllen die Pfeilerzellen neuronale Fortsätze. — Dagegen sind im zweiten Objekt der innere Tunnel und der Nuelsche Raum erst 1,7 μm bzw. 300 nm breit eröffnet. Apikal vom inneren Tunnel weist der Aspekt keinen Unterschied gegenüber dem beschriebenen auf; basal dagegen stehen die Pfeilerzellen hier auch im Kernbereich noch in engem Kontakt.

Die Wurzeln der Sinneshaare sind innerhalb der Kopfplatten von einer ca. 83 nm breiten helleren Zone, dem „Wurzelkanal", umgeben (vgl. Abb. 9d). Die Kopfplatten der inneren Haarzellen sind bis ca. 1,7 μm, die der äußeren bis ca. 1,2 μm dick; sie haben damit ihre definitive Höhe erreicht. An den äußeren Haarzellen findet man im Cytoplasma unterhalb der Kopfplatte erstmals zahllose Profile von größtenteils glattwandigen Cisternen (Durchmesser bis ca. 120 nm). Sie sind dicht gepackt und liegen oft in geradezu regelmäßiger Anordnung vor: manche in parallelen Reihen, andere in konzentrischen Bögen. Nur ausnahmsweise sind die Membranen dieser Cisternen mit Ribosomen besetzt (vgl. Abb. 15a). Unter dem lateralen Plasmalemm der äußeren Haarzellen sind jetzt bereits stellenweise zwei Lagen glattwandiger, flacher Cisternen vorhanden. Das Bild der afferenten und efferenten Synapsen am basalen Pol der Haarzellen zeigt keine wesentlichen Unterschiede gegenüber dem in der 4. Windung.

2. Windung (2 Objekte). Im Cytoplasma von Sinnes- und Stützzellen sind nur geringe Einlagerungen von Glykogen vorhanden. Im basalen Cytoplasma der Pfeilerzellen fällt jetzt eine reihenförmige Anordnung der Mitochondrien (Crista-Typ) zwischen den Bündeln der Mikrotubuli auf. — Der innere Tunnel und der Nuelsche Raum sind in Höhe des supranucleären und des Kernbereiches der Pfeilerzellen breit eröffnet; in beide Räume ragen noch immer vereinzelte Mikrovilli. Das Bild apikal von diesen Hohlräumen ist unverändert. An den Haarzellen können keine Veränderungen festgestellt werden.

Basalwindung. Der geringe Glykogengehalt im Cytoplasma der Sinnes- und Stützzellen entspricht dem Bild in der 2. Windung. — Man hat den Eindruck, daß apikal vom inneren Tunnel einige desmosomale Verhaftungen gelöst sind, so daß sich der Raum ein Stück weit in einen Spalt fortsetzt; zwischen den noch vorhandenen Desmosomen werden bis ca. 0,2 μm breite Dehiscenzen mit einzelnen Mikrovilli beobachtet. Der Nuelsche Raum reicht jetzt apikalwärts sogar schon bis zu seiner endgültigen Grenze, der Membrana reticularis. — Das Aussehen der äußeren und inneren Haarzellen entspricht dem in der 2. und 3. Windung. Auch hier finden sich im subapikalen Cytoplasma der äußeren Haarzellen die bei der 4. Windung beschriebenen dicht gepackten, vorwiegend glattwandigen Cisternen (Abb. 15a).

51. Entwicklungstag

4. Windung. Im Cytoplasma der Sinnes- und Stützzellen sind noch ausgedehnte Glykogeneinlagerungen vorhanden, besonders bei den Pfeilerzellen. Der

innere Tunnel und der Nuelsche Raum sind spaltförmig in Höhe des supranucleären Bereiches der Pfeilerzellen eröffnet. Die Sinneszellen haben sich gegenüber dem einen Tag jüngeren Entwicklungsstadium nicht verändert.

3. *Windung* (5 Objekte). Im Cytoplasma der Stützzellen, vor allem der
Hensenschen Zellen, fallen jetzt besonders große Lipidtropfen auf. An der freien
Oberfläche der Stützzellen finden sich immer noch zahlreiche Mikrovilli. Dies gilt
besonders für die inneren Stützzellen, wo die Mikrovilli (Durchmesser unverändert
ca. 100 nm) jetzt bis ca. 3 µm lang sind und in engem Kontakt zu den Filamenten
der Membrana tectoria stehen (Abb. 8c). Einzelne Sinnes- und Stützzellen tragen
an ihrer freien Oberfläche eine Kinocilie; bei den Sinneszellen ist die Kinocilie
stets im kopfplattenfreien apikalen Cytoplasmabezirk verankert. Unter der Kopfplatte einer äußeren Haarzelle ist bei einem Objekt ein Zentriol getroffen.

In vier der fünf untersuchten Objekte sind der innere Tunnel und der Nuelsche
Raum in Höhe des Kernbereiches und des supranucleären Bereiches der Pfeilerzellen breit eröffnet. Im basalen Bereich beträgt der Abstand der Plasmalemmata
der Pfeilerzellen ca. 50 nm, an einzelnen umschriebenen Stellen bis zu 150 nm;
stellenweise werden die beiden Zellen durch zwischengelagerte neuronale Fortsätze noch weiter auseinandergedrängt. Nach apikal ist der innere Tunnel spaltförmig ausgezogen (Abb. 16b), entsprechend dem Befund bei der Basalwindung
am 50. Entwicklungstag. Dagegen ist hier die apikale Grenze des Nuelschen
Raumes noch von der Membrana reticularis entfernt. Mikrovilli finden sich in
den breit eröffneten Bereichen beider Räume nur mehr in geringer Anzahl, dagegen noch reichlich in den jeweils apikal anschließenden Spalträumen. — Nur
eines der Objekte zeigt ein von dem beschriebenen verschiedenes Bild: Der innere
Tunnel und der Nuelsche Raum sind vorerst nur bis zu 830 bzw. 670 nm breite
Spalträume in Höhe des supranucleären Bereiches der Pfeilerzellen, deren
laterales Plasmalemm noch zahlreiche Mikrovilli in diese Räume entsendet. —
Im Vergleich der verschiedenen Objekte bestätigt sich der wiederholt berichtete
Befund, daß mit Erweiterung der beiden Corti-Lymphräume der Glykogengehalt
besonders der Pfeilerzellen deutlich abnimmt.

Die Sinneshaare der inneren Haarzellen sind bis ca. 3,4 µm, die der äußeren
bis ca. 4,6 µm lang. Die Wurzeln der Sinneshaare sind bei beiden Arten von Haarzellen ca. 80 nm dick; in einigen Schnitten erkennt man deutlich, daß es sich
um tubulusförmige Gebilde handelt (vgl. Abb. 9c). Sie reichen bei den inneren
Haarzellen bis ca. 0,7 µm, bei den äußeren bis ca. 0,6 µm tief in die Kopfplatte
und sind dort von dem helleren „Wurzelkanal" umgeben. Der Aspekt der afferenten und efferenten Synapsen am basalen Pol der Haarzellen hat sich nicht weiter
verändert.

52. Entwicklungstag

Basalwindung (2 Objekte). Das gesamte Epithel des Cortischen ·Organs ist
frei von Glykogen. Sinnes-, Pfeiler-, Phalangen- und Hensensche Zellen sind
langgestreckt. Die Zellkerne der Deitersschen Zellen liegen jetzt weit von der
Basilarmembran entfernt. In den Phalangen der Deitersschen Zellen fallen besonders viele bis ca. 370 nm weite Cisternen des rauhen endoplasmatischen
Reticulums auf. Im Cytoplasma der Pfeiler- und der Deitersschen Zellen sind
basal zwischen den Bündeln von Mikrotubuli, parallel zu diesen, weiterhin
Mitochondrien in Reihen angeordnet. An der freien Oberfläche der inneren

Stützzellen findet man jetzt nur noch wenige Mikrovilli; sie sind (bei unverändertem Durchmesser von ca. 100 nm) nur mehr bis zu 1 µm lang und stehen mit den Filamenten der Membrana tectoria nicht mehr in Kontakt. — Jetzt sind der innere Tunnel, der Nuelsche Raum, die Räume zwischen den äußeren Haarzellen und den Deitersschen Zellen und der äußere Tunnel, also *sämtliche Corti-Lymphräume*, weit offen. In den inneren Tunnel und den Nuelschen Raum ragen nur noch wenige kurze Mikrovilli (vgl. Abb. 21). Apikal, in ihrem Kopfbereich, sind die beiden Pfeilerzellen weiterhin durch Desmosomen verbunden, zwischen denen sich bis zu 270 nm breite Spalträume finden. Durch die Corti-Lymphräume ziehen neuronale Fortsätze, die stellenweise von den Stützzellen umfaßt werden.

Unter dem lateralen Plasmalemm der äußeren Haarzellen trifft man in der Regel zwei Lagen glattwandiger, flacher Cisternen, unter dem der inneren Haarzellen dagegen meist nur eine derartige Cisterne. Auch in den inneren Haarzellen sind die Mitochondrien jetzt unter der Kopfplatte und im basalen Cytoplasma in Synapsennähe gehäuft. — Das Verhältnis der Häufigkeit von afferenten und efferenten Synapsen ist gegenüber früheren Stadien umgekehrt: es überwiegen jetzt deutlich die efferenten Synapsen, die, verglichen mit den afferenten, eine ausgedehntere Kontaktfläche aufweisen. — Die Basilarmembran hat sich seit dem 48. Entwicklungstag nicht weiter verändert.

55. Entwicklungstag

4. Windung. Das Cytoplasma der Hensenschen Zellen enthält besonders viele große Lipidtropfen. Im Cytoplasma der Sinnes- und Stützzellen sind noch geringe Glykogeneinlagerungen vorhanden. — Der innere Tunnel und der Nuelsche Raum sind in Höhe des supranucleären und des Kernbereiches der Pfeilerzellen breit offen; nach apikal setzen sie sich jeweils in einen breiten Spaltraum fort, in den zahlreiche Mikrovilli ragen. Oberhalb des inneren Tunnels finden sich in Fortsetzung des Spaltraumes zwischen den beiden Pfeilerzellen auch hier zahlreiche Desmosomen und in den Abständen zwischen diesen bis zu 190 nm breite Dehiscenzen. Die Räume zwischen den äußeren Haarzellen und den Deitersschen Zellen und der äußere Tunnel sind noch nicht eröffnet.

Im subapikalen Cytoplasma der äußeren Haarzellen sind jetzt auch in der 4. Windung konzentrisch geschichtete, glattwandige, flache Cisternen zu beobachten (Abb. 15 b); an diesen Membranen sind keine Ribosomen mehr auffindbar. Der Receptorpol der Haarzellen (Abb. 9 d) unterscheidet sich nicht von dem bei der 2. Windung am 51. Entwicklungstag. Das Bild der Synapsen am basalen Pol der Haarzellen entspricht dem am 52. Entwicklungstag bei der Basalwindung beschriebenen.

56. Entwicklungstag

3. Windung (2 Objekte). Das Cytoplasma der Sinnes- und Stützzellen enthält endgültig kein Glykogen mehr. Die beiden Pfeilerzellen sitzen mit breiter Basis, die den Zellkern enthält, der Basilarmembran auf; apikalwärts folgt ein langgezogener, schmaler Abschnitt; der Kopfqereich ist dann wieder verbreitert. Der Kopfbereich der äußeren Pfeilerzelle liegt dem der inneren basalwärts an. In den Pfeiler- und den Deitersschen Zellen liegen basal Reihen von Mitochondrien zwischen den Mikrotubuli-Bündeln. Im basalen Cytoplasma beider Pfeilerzellen

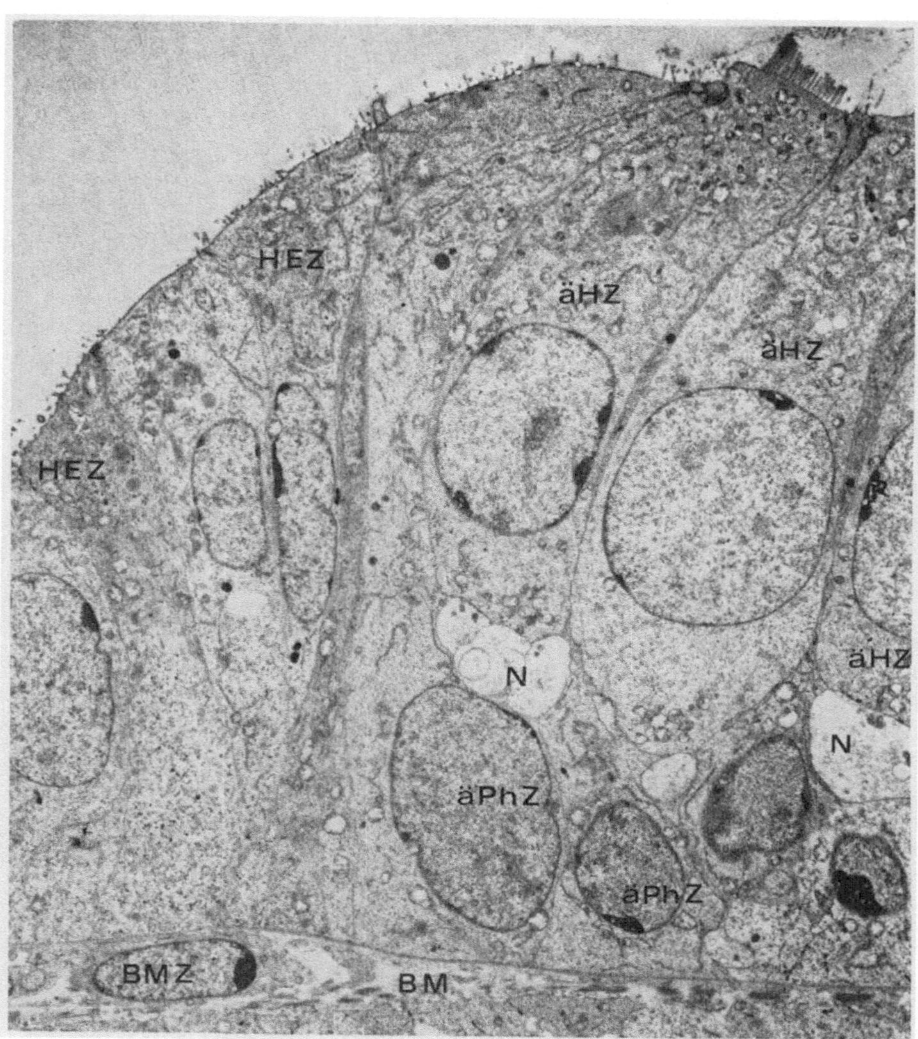

Abb. 19. *Lateraler Teil des Cortischen Organs* (45. Entwicklungstag, 4. Windung). In dem
Übersichtsbild sind in dem noch geschlossenen Epithelverband die drei äußeren Haarzellen,
die äußeren Phalangenzellen und links die zum Sulcus spiralis externus abfallenden Hensenschen Zellen dargestellt. Auf die dichte Anordnung der Sinneshaare folgt nach links ein spärlicher Mikrovillibesatz der Stützzellen. Den der Kugelform angenäherten Zellkernen der
Haarzellen stehen besonders in den Hensenschen Zellen längliche Zellkerne gegenüber. Die
Zellkerne der äußeren Phalangenzellen liegen ganz nahe der Basilarmembran. Dem basalen
Pol der Haarzellen liegen (vacuolenartig) aufgehellte neuronale Fortsätze *N* an. Das Cytoplasma der Hensenschen Zellen enthält bereits einige Lipidtropfen. In die Basilarmembran ist
links eine Mesenchymzelle *BMZ* eingelagert. Uranylacetat-Kontrastierung. 3300:1

ist jetzt außerdem je ein rundlicher bis quer-ovaler opaker Bezirk zu beobachten.
Er ist 1,2–1,5 µm hoch, seine Breite beträgt bei der äußeren Pfeilerzelle ca. 2,2 µm,
bei der inneren ca. 5,5 µm. Er besitzt etwa die elektronenoptische Dichte der
Kopfplatten in den Haarzellen und hat mit diesen auch das Fehlen von Zellorganellen gemeinsam. Die Phalangen der Deitersschen Zellen enthalten massen-

haft granuläres endoplasmatisches Reticulum. Im Cytoplasma der Hensenschen
Zellen finden sich zahlreiche große Lipidtropfen. Die Zellkerne der Sinnes- und
Stützzellen sind dichter gezeichnet als in früheren Stadien. In der Membrana
reticularis ist den Desmosomen vermehrt elektronendichtes Material angelagert.

Auch in der 3. Windung sind nunmehr sämtliche Corti-Lymphräume vollständig eröffnet. Der innere Tunnel setzt sich in Höhe des Kopfbereiches der
Pfeilerzellen nach apikal in einen schmalen Spalt fort, in den diese Zellen wenige
Mikrovilli entsenden. Noch weiter oben, unmittelbar unter der Epitheloberfläche,
finden sich zwischen den Pfeilerzellen nur noch wenige Desmosomen (vgl.
Abb. 22a). — Die äußeren und inneren Haarzellen haben sich nicht weiter verändert (Receptorpol, Cisternen unter dem lateralen Plasmalemm, konzentrisch
geschichtete Cisternen im subapikalen Bereich der äußeren Haarzellen, afferente
und efferente Synapsen am basalen Zellpol). — Die Pars tecta der Basilarmembran mißt unverändert ca. 1,6 µm; die Dicke der Pars pectinata hat dagegen
bis auf ca. 5 µm zugenommen.

58. Entwicklungstag

Basalwindung. Die Haar-, Pfeiler-, Phalangen- und Hensenschen Zellen strek-
ken sich weiter in die Länge (Abb. 20), wodurch auch die Höhenausdehnung der
inzwischen vollständig eröffneten Corti-Lymphräume zunimmt. Der innere Tunnel
setzt sich apikalwärts, zwischen den Kopfbereichen der äußeren und inneren
Pfeilerzelle, ein Stück weit in einen schmalen Spalt fort. In der anschließenden
Strecke sind die Plasmalemmata der beiden Pfeilerzellen durch Desmosomen
miteinander verbunden. Im Endbereich überdeckt die innere Pfeilerzelle die
äußere, durch einen Spalt (ohne desmosomale Verbindungen) von dieser getrennt
(Abb. 22a). Im Kopfbereich der äußeren Pfeilerzelle fällt jetzt, nahe den Desmosomen gelegen, unregelmäßig konturiertes, elektronendichtes Material auf (vgl.
Abb. 22b). Im Cytoplasma der Pfeiler- und der Deitersschen Zellen sind weiter
Bündel von Mikrotubuli zu beobachten (vgl. Abb. 21). — Innere Pfeiler- und
innere Haarzelle sind nur noch apikal in der Membrana reticularis eng verbunden;
weiter basal trennen sie sich zunehmend voneinander bis zu 800 nm. Eine ähnliche
Beobachtung ist zwischen innerer Pfeiler- und innerer Phalangenzelle zu machen,
wo die Entfernung bis zu 500 nm beträgt. Weiterhin fallen zwischen den Basen
der Hensenschen und Claudiusschen Zellen bis 3,2 µm hohe und bis 1,8 µm
breite Interzellularräume auf, die sich nach oben verjüngen und gelegentlich
von einem Desmosom abgeschlossen werden; in diese Räume ragen einzelne
Mikrovilli.

Die Wurzeln der Sinneshaare reichen bei den inneren Haarzellen ca. 1 µm,
bei den äußeren ca. 0,9 µm tief in die Kopfplatte. Der „Wurzelkanal" ist bei
beiden Arten von Sinneszellen als ca. 125 nm breite hellere Zone wahrzunehmen.
Neben der Kopfplatte der Haarzellen ist häufig noch eine Cytoplasmaprotrusion
zu beobachten. Im subapikalen Cytoplasma der äußeren Haarzellen finden sich
wieder glattwandige, flache Cisternen in konzentrisch geschichteter Anordnung.
Bei beiden Arten von Haarzellen sind unter dem lateralen Plasmalemm, parallel
zu diesem verlaufend, ca. 25—33 nm breite glattwandige Cisternen vorhanden
(Abstand vom Plasmalemm bis ca. 30 nm, vgl. Abb. 14). Am basalen Pol der
Haarzellen überwiegen die efferenten Synapsen zahlen- und auch ausdehnungsmäßig gegenüber den afferenten. Der Synapsenspalt der efferenten Synapsen ist

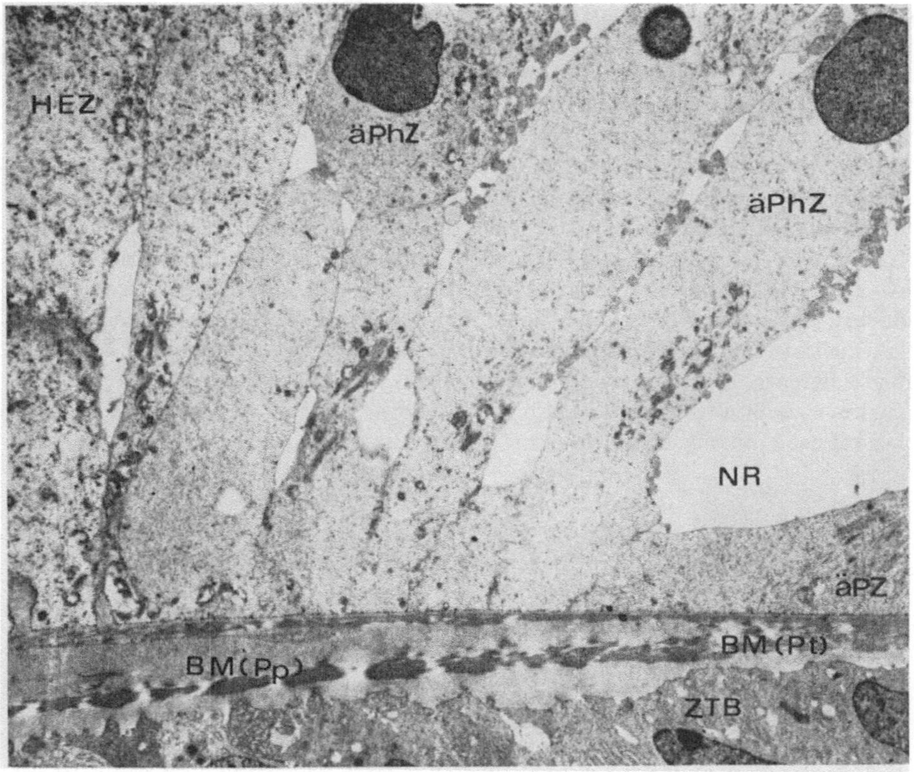

Abb. 20. *Lateraler Teil des Cortischen Organs* (58. Entwicklungstag, Basalwindung). Nach der Streckung der Zellen des Cortischen Organs zeigt das Übersichtsbild nur den unteren Teil des inzwischen durch die Eröffnung der Corti-Lymphräume diskontinuierlich gewordenen Epithelverbandes. Der Aspekt der äußeren Phalangenzellen ist von dem der Hensenschen Zellen schon sehr verschieden. In den äußeren Phalangenzellen liegen die dichter gewordenen Zellkerne nun sehr weit von der Basilarmembran entfernt; im infranucleären Cytoplasma sind die von Mitochondrien begleiteten Mikrotubuli-Bündel erkennbar. An der Basilarmembran ist im rechten Bildteil die Grenze der Pars tecta *Pt* zur Pars pectinata *Pp* wahrzunehmen. Der Basilarmembran sind unten die Mesenchymzellen der tympanalen Belegschicht *ZTB* angelagert. Uranylacetat-Kontrastierung. 3000:1

ca. 20 nm breit; die subsynaptischen Cisternen im Cytoplasma der Haarzellen sind ca. 80 Å von der postsynaptischen Membran entfernt und ca. 17 nm breit (vgl. Abb. 12).

Wesentliche Veränderungen gegenüber jüngeren Stadien sind an der Basilarmembran zu konstatieren (Abb. 20): Die an das Epithel grenzende fibrillenfreie Schicht hat unveränderte Dicke (ca. 20 nm). Hingegen weist die eigentliche Basilarmembran in ihren beiden Abschnitten Unterschiede hinsichtlich Dicke und Struktur auf. Die Pars tecta (unter dem inneren Tunnel) ist bis ca. 3,6 μm dick und läßt sich jetzt gliedern in 1. eine obere Schicht aus Grundsubstanz und eingelagerten radiär verlaufenden ca. 80 Å dicken Fibrillen (ca. 1,6 μm) und 2. eine untere Schicht aus fibrillenfreier Grundsubstanz (bis ca. 2 μm), der basalwärts die Zellen der tympanalen Belegschicht und das Vas spirale folgen. Die lateral an die Pars tecta anschließende, bis zur Stria vascularis reichende

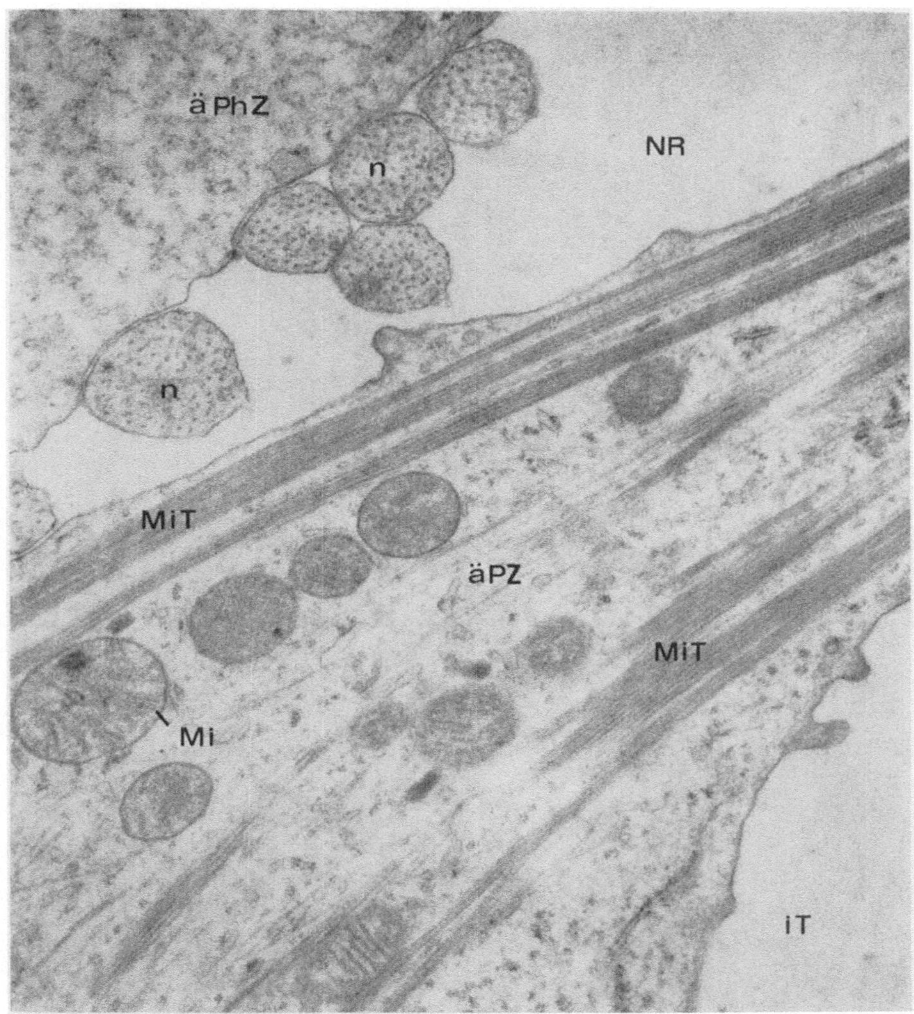

Abb. 21. *Äußere Pfeilerzelle*, ausdifferenziert (59. Entwicklungstag, Basalwindung). Zwischen dem inneren Tunnel und dem Nuelschen Raum verjüngt sich die äußere Pfeilerzelle apikalwärts; ihr lateraler Zellrand trägt nur noch vereinzelte stummelförmige Mikrovilli. Im nunmehr glykogenfreien Cytoplasma sind rauhes endoplasmatisches Reticulum, freie Ribosomen, Mitochondrien vom Crista-Typ und ganz besonders längsgerichtete Bündel von streng parallel angeordneten, zarten Mikrotubuli (ca. 15 nm) zu erkennen. Im Nuelschen Raum mehrere Anschnitte von neuronalen Fortsätzen *n* mit Neurotubuli, zum Teil der äußeren Phalangenzelle anliegend. Uranylacetat-Kontrastierung. 20000:1

Pars pectinata ist bis ca. 5,2 µm dick. Sie besteht (von oben nach unten) aus 1. einer Schicht aus Grundsubstanz und Fibrillen (ca. 0,6 µm), 2. einer Schicht aus Grundsubstanz und platten Zellen (ca. 2,5 µm), 3. einer weiteren aus Grundsubstanz und Fibrillen zusammengesetzten Schicht (ca. 0,9 µm), 4. einer untersten Schicht aus fibrillen- und zellfreier Grundsubstanz (bis ca. 1,2 µm), der basalwärts die Zellen der tympanalen Belegschicht anliegen. Auch in der Pars pectinata haben die Fibrillen einen Durchmesser von ca. 80 Å.

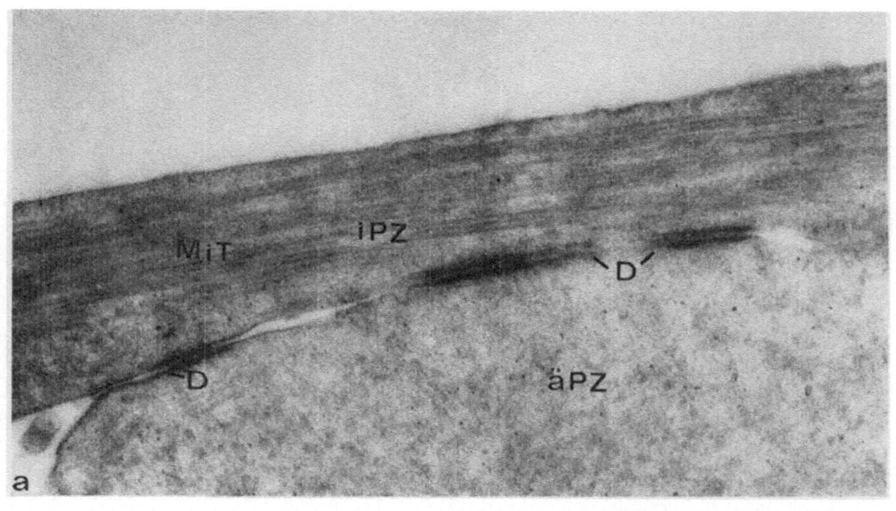

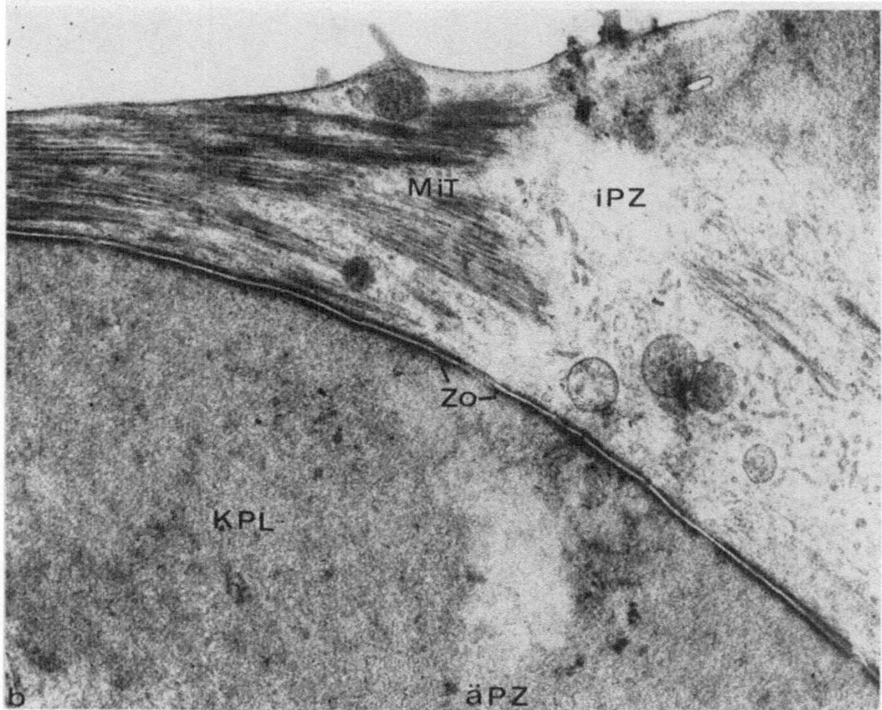

Abb. 22a u. b. *Kopfbereich der Pfeilerzellen.* (a) 58. Entwicklungstag, Basalwindung. Der apikale Bereich der inneren Pfeilerzelle liegt der Kopfplatte der äußeren Pfeilerzelle, durch mehrere Desmosomen *D* verbunden, dicht auf. Die Bündel von Mikrotubuli nehmen den größten Teil des Cytoplasmas im dargestellten Bereich der inneren Pfeilerzelle ein. Uranyl-acetat-Kontrastierung. 24000:1. (b) 63. Entwicklungstag, Basalwindung. Gegen Ende der Fetalentwicklung verbinden sich die bis dahin einzelnen Desmosomen zwischen den Kopf-bereichen der beiden Pfeilerzellen zu durchgehenden Zonulae occludentes *Zo*. Die Zeichnung der Kopfplatte der äußeren Pfeilerzelle ist dichter. Uranylacetat-Bleicitrat-Kontrastierung. 24000:1

59. Entwicklungstag

Basalwindung (2 Objekte). In einem der beiden untersuchten Objekte findet sich in einer efferenten Synapse im postsynaptischen Cytoplasma einer äußeren Haarzelle ein Synapsenstäbchen neben den subsynaptischen Cisternen; es steht etwa senkrecht zur nicht verdickten postsynaptischen Membran und ist von hellen Vesikeln (Durchmesser ca. 33–40 nm) umgeben, gleicht also morphologisch völlig den Synapsenstäbchen der afferenten Synapsen. — Im übrigen sind keine nennenswerten Veränderungen gegenüber dem einen Tag jüngeren Stadium festzustellen an Sinneszellen, Stützzellen, Corti-Lymphräumen und Basilarmembran.

63. Entwicklungstag

Basalwindung. Aus dem bei etwas jüngeren Stadien (vgl. S. 57) im Kopfbereich der äußeren Pfeilerzelle beschriebenen elektronendichten Material ist eine Kopfplatte hervorgegangen (Abb. 22b), wie sie jetzt beide Pfeilerzellen besitzen. Sie ist scharf gegen das übrige Cytoplasma abgegrenzt und frei von Zellorganellen. Die Mikrotubuli (Durchmesser ca. 15 nm, Abb. 23) inserieren zum Teil in der Kopfplatte, zum Teil in der Membrana reticularis. Apikal sind die beiden Pfeilerzellen durch sehr ausgedehnte Desmosomen verbunden, die in die Membrana reticularis einbezogen werden (Abb. 22b). — Im supranucleären Cytoplasma der inneren Haarzellen sind jetzt wenige Cisternen des granulären endoplasmatischen Reticulums vorhanden. Sonst sind keine weiteren Veränderungen gegenüber der gleichen Windung am 58. und 59. Entwicklungstag wahrzunehmen.

Am *Tag der Geburt* sind die Sinnes- und Stützzellen insgesamt ärmer an Zellorganellen; dies betrifft besonders die Deitersschen und die Hensenschen Zellen, deren Cytoplasma überdies auffallend hell ist. Im Cytoplasma der Hensenschen Zellen sind große Lipidtropfen vorhanden. Kinocilien sind an der freien Oberfläche der Stützzellen und ganz vereinzelt im kopfplattenfreien apikalen Cytoplasmabezirk der Haarzellen zu beobachten. — Im Kopfbereich der Pfeilerzellen finden sich zwischen äußerer und innerer Pfeilerzelle und ebenso zwischen einander benachbarten inneren Pfeilerzellen eng aufeinander folgende Desmosomen; zum Teil sind die Plasmalemmata im Bereich der Kopfplatten durchgehend nach Art von Zonulae occludentes verdickt. Zwischen den einander benachbarten äußeren Pfeilerzellen sind dagegen in den kopfplattenfreien Bezirken Cytoplasmaausstülpungen vorhanden. Die Mikrotubuli (Durchmesser ca. 15 nm) im Cytoplasma der Pfeiler- und der Deitersschen Zellen verlaufen, zu Bündeln zusammengelagert, von basal nach apikal. Im Cytoplasma der äußeren und der inneren Pfeilerzelle ist jetzt regelmäßig ein opaker, unscharf begrenzter Cytoplasmabezirk, der frei von Zellorganellen ist, vorhanden. Dieser Bezirk grenzt an das basale Plasmalemm. Die Mikrotubuli gehen von diesem opaken Bezirk aus, biegen oberhalb von ihm in Achsenrichtung ein und reichen bis zur Kopfplatte bzw. zur Membrana reticularis (s. oben). Auch in den Deitersschen Zellen trifft man jetzt basal stellenweise opakes, unscharf abgegrenztes Material; es ist von Mikrotubuli, die zum Teil von diesen Bezirken ausgehen, und zwischen gelagerten Mitochondrien umgeben.

Die Kopfplatten der Haar- und Pfeilerzellen sind elektronendichter als während der Fetalzeit; ihre Maße haben sich bei den Haarzellen nicht weiter verändert. Dagegen sind die Sinneshaare länger geworden (bei den inneren Haar-

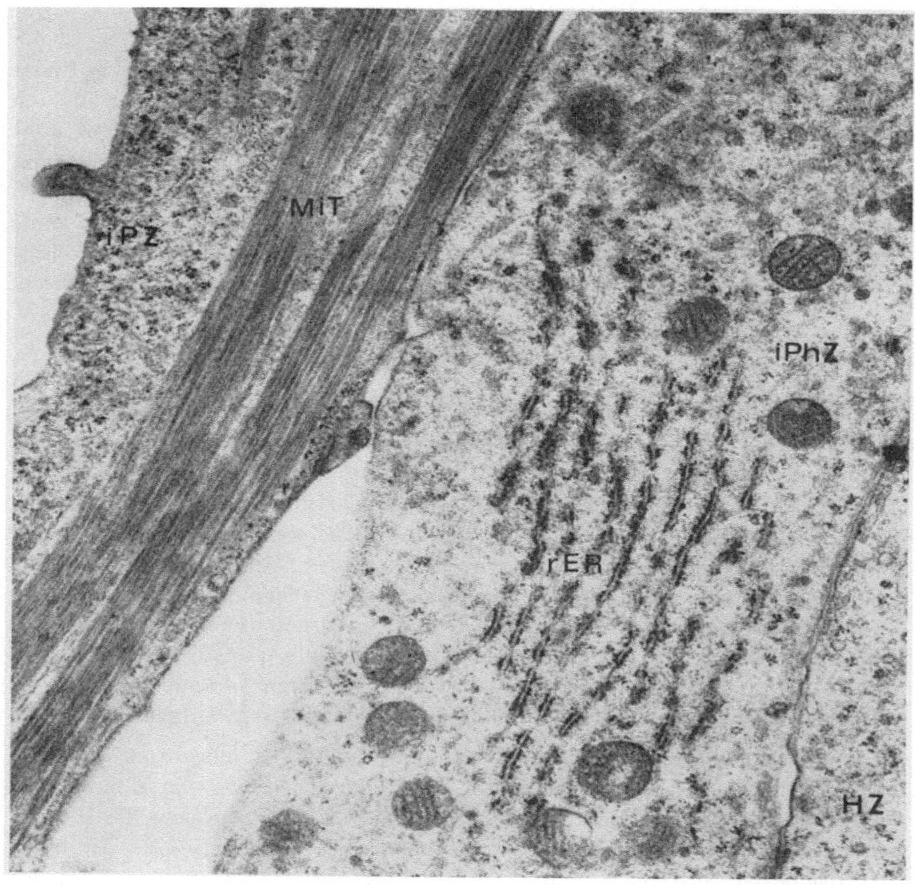

Abb. 23. *Innere Phalangen- und innere Pfeilerzelle* kurz vor der Geburt (63. Entwicklungstag, Basalwindung). Die innere Phalangenzelle läßt reichlich rauhes endoplasmatisches Reticulum und kleine Mitochondrien erkennen. Die von dieser im unteren Bildbereich durch einen Interzellularspalt getrennte innere Pfeilerzelle ist in ihrem mittleren schmalen, langgestreckten Teil getroffen und zeigt auf der vom inneren Tunnel abgewandten Seite die streng parallel aus Mikrotubuli aufgebauten Bündel. Uranylacetat-Bleicitrat-Kontrastierung. 24000:1

zellen bis ca. 5 µm, bei den äußeren bis ca. 5,2 µm). Ihre Wurzeln reichen bei den inneren Haarzellen bis ca. 1 µm, bei den äußeren bis ca. 0,9 µm tief in die Kopfplatte. Die Anzahl der parallel zum lateralen Plasmalemm verlaufenden, glattwandigen, flachen Cisternen (Breite ca. 25–33 nm) hat bei den äußeren Haarzellen zugenommen. Dagegen nehmen die konzentrisch geschichteten, glattwandigen, flachen Cisternen im subapikalen Cytoplasma der äußeren Haarzellen jetzt nur mehr einen umschriebenen Bezirk ein. Im Cytoplasma der äußeren Haarzellen sind die Mitochondrien unter der Kopfplatte, neben den seitlichen Cisternen und basal in Synapsennähe angeordnet. Bei den inneren Haarzellen ist eine derartige Mitochondrienanordnung nur andeutungsweise vorhanden. An den afferenten und efferenten Synapsen am basalen Pol der Haarzellen sind weder qualitative noch quantitative Veränderungen eingetreten. Kernhaltige Vesikel finden sich ausschließlich in neuronalen Fortsätzen.

Die Basilarmembran hat sich seit dem 58. Entwicklungstag in der Basalwindung nicht weiter verändert (Dicke der Pars tecta bis ca. 3,6 μm, der Pars pectinata bis ca. 5,2 μm). Die Dicke der Pars tecta nimmt schneckenspitzenwärts ab: In der 2. Windung mißt sie ca. 1,8 μm, in der 3. Windung ca. 1,6 μm. Auch die Pars pectinata ist in den oberen Windungen dünner (überraschenderweise in der 2. Windung nur ca. 3 μm, in der 3. Windung dagegen ca. 5 μm). Die Fibrillendicke (ca. 80 Å) ist in der Pars tecta und in der Pars pectinata unverändert. Bei den untersuchten Objekten sind — wie in der Fetalzeit — platte Zellen in die Pars pectinata eingelagert.

Erste Lebenswochen. Die Ausgestaltung des Cortischen Organs ist am Tag der Geburt im wesentlichen abgeschlossen. Bei Tieren, die wir bis zum Alter von ca. sechs Wochen untersucht haben, sind außer dem vollständigen Verlust der Kinocilien bei den Haarzellen keine weiteren Veränderungen festzustellen.

Diskussion

In allen von uns untersuchten, in Entwicklung begriffenen Gehörschnecken von Meerschweinchenfeten ist die Differenzierung des Epithels der Basalplatte des Ductus cochlearis zum Cortischen Organ in den einzelnen Windungen unterschiedlich weit fortgeschritten: Bei einem gegebenen Entwicklungsalter ist der Grad des Fortschrittes in der Ausprägung einzelner Merkmale jeweils in der Basalwindung am größten und vermindert sich stetig in Richtung gegen die Spitze (vgl. Abb. 2a u. b). Damit bestätigen wir die Befunde der Mehrzahl der Autoren (vgl. Wada, 1923: Ratte; Kolmer, 1927: verschiedene Wirbeltiere und Mensch; Weibel, 1957: Maus; Chodynicki, 1968: Meerschweinchen; Sher, 1971: Maus), daß die Entwicklung des Cortischen Organs an der Schneckenbasis beginnt und spitzenwärts fortschreitet. Nur Bélanger (1956: Ratte) und Ruben (1967: Maus) schlossen auf ein Fortschreiten der Differenzierung in umgekehrter Richtung, also von der Spitze aus gegen die Basis.

Es ist indessen nicht möglich, *ganz präzis* anzugeben, zu welchem Zeitpunkt der Entwicklung ein gegebenes Merkmal an der Schneckenbasis auftritt und in welcher Zeitspanne es die Schneckenspitze erreicht. Dafür gibt es mehrere Gründe:

1. Eine exakte Bestimmung des *Befruchtungstermines* (des Zeitpunktes, an dem das Spermium in die Eizelle eindringt) kann nicht gegeben werden, da das Intervall zwischen Konzeptionstermin und Befruchtungstermin zwischen ca. 6 und 24 Std schwankt (vgl. Hensen, 1876; Minot, 1891; Pytler und Strasser, 1925). Zur Ermittlung des Entwicklungsalters in Tagen genügt die Bestimmung des Konzeptionstages; genauere — etwa in Stunden ausgedrückte — Angaben würden in die Schwankungsbreite fallen. Ferner ist nicht bekannt, ob beim Meerschweinchenkeimling in frühen Entwicklungsstadien Ruheperioden möglich sind, wie dies z.B. bei der Maus vorkommt (Kaufmann, 1969).

2. Auch bei Geschwisterfeten ein und derselben Gravidität, für die der gleiche Befruchtungstermin anzunehmen ist, findet man öfters Unterschiede in der Entwicklung, wie schon Unterschiede in Länge und Gewicht zeigen (vgl. Tabelle 1). Als Ursache für *Entwicklungsverzögerungen* sind nach Untersuchungen an der sich

entwickelnden Meerschweinchenplacenta (Kaufmann, 1969) ungünstige Ernährungsbedingungen anzunehmen.

3. Es war in dieser Untersuchung aus technischen Gründen nicht möglich, jeweils *identische Stellen* der einzelnen Windungen zu erfassen; besonders rasch ablaufende Entwicklungsschritte müssen aber innerhalb einer bestimmten Schnekkenwindung bereits an verschiedenen Stellen unterschiedliche Bilder zeigen.

Demnach können unsere Stadienangaben für das Auftreten bestimmter Merkmale nicht als absolute Norm-, sondern nur als Anhaltswerte aufgefaßt werden.

Im folgenden wird der eigentlichen Erörterung die Zusammenfassung der Entwicklung einzelner Merkmale vorausgestellt.

1. Die Differenzierung der Sinneszellen

Die Haarzellen des Cortischen Organs sind durch Ausbildung von Sinneshaaren und einer Kopfplatte am apikalen Pol, dem Receptorpol, und durch synaptische Kontakte mit neuronalen Fortsätzen am basalen Pol charakterisiert; hinzu kommen, besonders bei den äußeren Haarzellen, spezifisch angeordnete, glattwandige, flache Cisternen im übrigen Cytoplasma. Am 36. Entwicklungstag ist noch keines dieser Merkmale vorhanden, weder in der 4. Windung, wo die Basialplatte noch keinerlei Gliederung aufweist, noch in der 3. Windung, wo bereits eine Differenzierung in einen größeren medialen und einen kleineren lateralen Epithelwulst stattgefunden hat. Auf diesem Entwicklungsstadium gleichen sich Sinnes- und Stützzellen noch völlig als hochprismatische Zellen mit ovoidem, chromatinreichem Zellkern, organellenreichem Cytoplasma und einem Oberflächenbesatz von Mikrovilli, gelegentlich auch einer Kinocilie.

a) Receptorpol

Die beginnende Differenzierung am Receptorpol der Sinneszellen können wir am 37. Entwicklungstag in der 3., am 38. Entwicklungstag in der 4. Windung beobachten: Elektronenoptisch ist bei einzelnen künftigen Sinneszellen (der inneren Haarzelle am 37. Entwicklungstag und der dritten äußeren Haarzelle am 38. Entwicklungstag, Abb. 4b) am apikalen Zellpol als erste Anlage der Kopfplatte ein vorerst unscharf begrenzter, opaker Cytoplasmabezirk erkennbar, der keine Zellorganellen enthält.

Die von der freien Oberfläche der Sinneszellen ausgehenden künftigen Sinneshaare unterscheiden sich am 37. Entwicklungstag nur durch etwas größere Länge und Häufung, am 38. Entwicklungstag auch durch etwas stärkeres Kaliber von den sonst gleichartig gebauten Mikrovilli der benachbarten Stützzellen. Künftige Sinneshaare und Mikrovilli sind Ausstülpungen des Cytoplasmas, die von einer einfachen „unit membrane“ begrenzt sind. In unserem in Glutaraldehyd fixierten Material ist in beiden Strukturen eine feine Längszeichnung erkennbar, wie sie auch von Spoendlin (1966) in gleichartig fixiertem Material in den Sinneshaaren des Cortischen Organs der Katze beobachtet wird. Spoendlin schließt daraus auf eine Längsanordnung von Makromolekülen in den Sinneshaaren, wofür auch die Feststellung einer Doppelbrechung an den Sinneshaaren im Cortischen Organ der Ratte durch Iurato (1961) spricht. In Mikrovilli werden längsgerichtete Filamente u.a. von Luciano *et al.* 1968 an den Epithelzellen der Trachea der Ratte, 1968 an den Epithelzellen des Rectums der Ratte und 1969 an den

Alveolarepithelzellen der Rattenlunge, von Luciano und Reale 1969 an den Epithelzellen der Gallenblase der Maus beschrieben.

Da zunächst alle Epithelzellen der Basialplatte an ihrer freien Oberfläche Mikrovilli tragen (Abb. 4a) und die künftigen Sinneshaare auch nach Beginn ihrer Differenzierung den Mikrovilli der Stützzellen wegen ihrer gleichartigen Innenstruktur und gleichartigen äußeren Begrenzung noch sehr ähnlich sind, nehmen wir an, daß sich die Sinneshaare aus Cytoplasmaausstülpungen entwickeln, die feinstrukturell von üblichen Mikrovilli nicht zu unterscheiden sind. Dafür spricht auch, daß wir weder in Rückbildung begriffene Mikrovilli noch ein eventuelles Auswachsen von Sinneshaaren beobachten.

Die weitere Differenzierung der Sinneshaare ist am 38. Entwicklungstag in der 2. Windung erkennbar: Unmittelbar oberhalb der Kopfplatte ist im späteren Halsbereich der Sinneshaare erstmals eine leichte Einschnürung vorhanden; außerdem fällt zur gleichen Zeit, zunächst auf den Halsbereich beschränkt, eine elektronendichtere Innenzone der Sinneshaare auf, die erste Anlage der Wurzel.

In den folgenden Entwicklungstagen wird die Einschnürung im Halsbereich deutlicher; auch Länge und Dicke der Sinneshaare nehmen zu, letztgenannte bei den inneren Haarzellen stärker als bei den äußeren. Die elektronendichten Wurzeln der Sinneshaare reichen am 40. Entwicklungstag bereits je eine Strecke weit nach oben in den Schaft des Haares und nach unten in die Kopfplatte. Vom 42. Entwicklungstag an ist in den Sinneshaaren stellenweise eine Mark- und eine Rindenzone unterscheidbar.

Die Kopfplatten bleiben einige Tage unscharf gegen das übrige Cytoplasma abgegrenzt. Vorübergehend (41.–46. Entwicklungstag) weisen sie eine feingranuläre Struktur auf, gleichzeitig nimmt ihre Elektronendichte zu; vom 42. Entwicklungstag an heben sie sich scharf gegen das übrige Cytoplasma ab. In unserem Untersuchungsgut bleiben sie stets von Zellorganellen frei. Kleine Vesikel des endoplasmatischen Reticulums, wie sie Smith und Dempsey (1957) in der Kopfplatte der inneren Haarzelle bei jungen Meerschweinchen beschreiben, finden wir weder während der Fetalentwicklung noch bei jungen Tieren. Bis zum 50. Entwicklungstag (3. Windung) werden die Kopfplatten allmählich dicker; von diesem Zeitpunkt an bleibt ihre Ausdehnung konstant (ca. 1,7 µm bei den inneren, ca. 1,2 µm bei den äußeren Haarzellen).

Vom 48. Entwicklungstag an sind die Wurzeln der Sinneshaare innerhalb der Kopfplatte von einer helleren Zone, dem „Wurzelkanal" (Flock, 1964), umgeben. Die Tubulusform der Wurzeln, wie sie von Spoendlin (1966) in den Sinneshaaren des Cortischen Organs der Katze beschrieben wird, ist in unserem Untersuchungsgut vom 49. Entwicklungstag an stellenweise erkennbar. Die Wurzeln reichen später tiefer in die Kopfplatte: am 51. Entwicklungstag (3. Windung) bis ca. 0,7 µm bei den inneren und bis ca. 0,6 µm bei den äußeren Haarzellen, vom 58. Entwicklungstag an bis ca. 1 µm bei den inneren und bis ca. 0,9 µm bei den äußeren Haarzellen.

Im Gegensatz zu den Mikrovilli weisen die Sinneshaare ein deutliches Dicken- und Längenwachstum auf. Sie erreichen ihre definitive Stärke im Halsbereich (ca. 150 nm bei den inneren, ca. 130 nm bei den äußeren Haarzellen) am 46. Entwicklungstag (4. Windung), im Schaftbereich bei den äußeren Haarzellen (ca. 230 nm) am 47. Entwicklungstag (3. Windung), bei den inneren Haarzellen (ca. 370 nm) erst am 49. Entwicklungstag (Basalwindung). Die Länge der Sinneshaare nimmt von ca. 2 µm (38. Entwicklungstag) auf ca. 5 µm bei den inneren

Haarzellen bzw. ca. 5,2 µm bei den äußeren Haarzellen (Tag der Geburt) zu. Bei den Mikrovilli (Durchmesser konstant ca. 100 nm, Länge am 38. Entwicklungstag bis ca. 1,5 µm) ist ein anfängliches Längenwachstum derjenigen des großen Epithelwulstes (bis ca. 3 µm) zu beobachten; schließlich kommt es zu einer raschen Rückbildung sämtlicher Mikrovilli mit Verkürzung auf ca. 1 µm (52. Entwicklungstag).

Neben der Kopfplatte (Breite bis ca. 7 µm bei den inneren, bis ca. 8 µm bei den äußeren Haarzellen) wird etwa ein Sechstel des apikalen Poles der Haarzelle durch einen Cytoplasmabezirk eingenommen. An dieser Stelle ist vom 40. Entwicklungstag an häufig eine Protrusion zu beobachten. Dieser Befund wird nicht nur an Feten, sondern auch an jungen Tieren erhoben und kann vorläufig nicht gedeutet werden; die Möglichkeit eines Artefaktes kann nicht völlig ausgeschlossen werden.

Manchmal beobachten wir während der Fetalzeit und am Tag der Geburt, jedoch nie bei älteren Tieren, im kopfplattenfreien apikalen Cytoplasmabezirk eine Kinocilie. Im Gegensatz zu den Sinneshaaren weisen derartige Kinocilien nie eine örtliche Beziehung zur Kopfplatte auf. Zur Zeit der Differenzierung des Cortischen Organs werden Kinocilien in den Haarzellen auch von Kikuchi und Hilding (1965) bei der Maus, von Friedmann und Bird (1967) beim Hühnchen, von Nakai und Hilding (1968) beim Kaninchen sowie von Wedenberg und Wersäll (1965) und von Wersäll und Flock (1965) beim Menschen beschrieben. Unsere Befunde bestätigen die Feststellung von Spoendlin (1966), daß sich in den Haarzellen des Cortischen Organs Kinocilien bei adulten Individuen nicht mehr finden. Dagegen bleibt in jeder Sinneszelle des Gleichgewichtsorgans zeitlebens eine Kinocilie vorhanden (Spoendlin, 1964).

Ein Zentriol im kopfplattenfreien apikalen Cytoplasmabezirk der Haarzellen des Cortischen Organs beschreiben Flock *et al.* (1962), Engström *et al.* (1962) und Duvall *et al.* (1966) beim adulten Meerschweinchen und Kimura *et al.* (1965) beim erwachsenen Menschen. Flock *et al.* und Duvall *et al.* nehmen an, daß das Zentriol eine wesentliche Rolle bei der Funktion der Sinneszelle als gerichteter Empfänger spiele; Engström *et al.* halten das Zentriol für den spezifischen Energieüberträger in der Haarzelle. Voraussetzung für diese Theorien wäre das gesetzmäßige Vorhandensein eines Zentriols in jeder Haarzelle. Zu dieser Frage können wir nicht Stellung nehmen. In unserem Material treffen wir nur in einem Objekt (51. Entwicklungstag, 3. Windung) auf ein Zentriol, das unter der Kopfplatte einer äußeren Haarzelle gelegen ist. Auch Spoendlin (1966) beobachtet in den Haarzellen des Cortischen Organs adulter Katzen nur ganz vereinzelt ein Zentriol. Der Autor vertritt die Ansicht, daß ein Zentriol bzw. eine Kinocilie für die Differenzierung des Receptorpoles der Haarzellen notwendig sei.

Kurz vor der Geburt nimmt die Elektronendichte der Kopfplatten noch weiter zu. Die Wurzeln der Sinneshaare sind stets tief in der Kopfplatte verankert, reichen jedoch nie in das darunterliegende Cytoplasma. Außer dem oben erwähnten völligen Schwund der Kinocilien ist in den ersten sechs Wochen nach der Geburt am Receptorpol der Sinneszellen keine weitere Veränderung mehr festzustellen.

b) Basaler Pol: synaptische Kontakte mit neuronalen Fortsätzen

An der Basis der Haarzellen des Cortischen Organs findet man zwei verschiedene Arten von Synapsen, solche mit afferenten und solche mit efferenten neuronalen Endigungen, die prinzipiell verschiedene charakteristische Strukturen aufweisen (Engström, 1958; Spoendlin, 1959, 1960; Smith und Sjöstrand, 1961).

Die synaptischen Kontakte zwischen den Sinneszellen und den afferenten neuronalen Endigungen werden als „Synapsen vom Typ I" (Smith und Sjöstrand, 1961) oder als „afferente Synapsen" (Rodríguez Echandía, 1967; Nakai und Hilding, 1968; Vázquez-Nin und Sotelo, 1968) bezeichnet. Es handelt sich um die synaptischen Verbindungen der Sinneszellen mit den peripheren Fortsätzen der bipolaren Ganglienzellen des im Rosenthalschen Kanal im Modiolus gelegenen Ganglion spirale cochleae, des ersten Neurons der Hörbahn.

Diese afferenten Synapsen sind durch Synapsenstäbchen („synaptic bars", „synaptic ribbons") im präsynaptischen Cytoplasma der Sinneszelle, durch Verdickungen der synaptischen Membranen von Sinneszelle und neuronaler Endigung und durch Neurotubuli und Mitochondrien des Crista-Typs im Cytoplasma des neuronalen Fortsatzes charakterisiert. Die Synapsenstäbchen sind stab- bis keulenförmige (Abb. 11a) elektronendichte Gebilde, die etwa senkrecht zur verdickten synaptischen Membran der Sinneszelle stehen und von hellen Vesikeln (Durchmesser 33–40 nm) umgeben sind. Nach Spoendlin (1966) und Foos et al. (1969) können derartige elektronendichte Gebilde im präsynaptischen Cytoplasma auch Kolben-, Kugel- oder Plattenform aufweisen. Über die Funktion der Synapsenstäbchen ist bisher nichts bekannt.

Synapsenstäbchen wurden seit der Erstbeschreibung an den Synapsen der Stäbchenzellen der Retina des Meerschweinchens durch Sjöstrand (1953) an Synapsen folgender Zellen gefunden: Retina, Kaninchen, Stäbchen- und Zapfenzellen (De Robertis und Franchi, 1956), Retina, Ratte, Stäbchen-, Zapfen- und bipolare Ganglienzellen (Ladman, 1958; Weidman und Kuwabara, 1968), Retina, Mensch, Stäbchen-, Zapfen- und bipolare Ganglienzellen (Fine, 1962; Missotten, 1965; Foos et al., 1969), Retina, Taube, Stäbchen- und Zapfenzellen (Cohen, 1963), Frontal- und Pinealorgan, Frosch, Photoreceptorzellen (Oksche und Vaupel-von Harnack, 1963, 1965; Kelly und Smith, 1964), Epiphyse, Reptilien, Pinealocyten (Petit, 1971), Epiphyse verschiedener Säuger, Pinealocyten (Arstila und Hopsu, 1964; Hopsu und Arstila, 1965; Wolfe, 1965; Wartenberg, 1968), Gleichgewichtsorgan, Fische, Frösche, Vögel und Säuger, Haarzellen (Engström et al., 1965; Wersäll et al., 1966; Lindeman, 1969).

Bei Wirbellosen wurden Synapsenstäbchen bisher an folgenden Zellen beschrieben: Auge, Hummer, Photoreceptorzellen (Hámori und Horridge, 1966), Auge, Fliege, Photoreceptorzellen (Trujillo-Cenóz, 1965, 1969; Boschek, 1970), Gehirn, Krabbe Scylla serrata, Ganglienzellen (Sandeman und Mendum, 1971).

In den Haarzellen des Cortischen Organs wurden Synapsenstäbchen beim Meerschweinchen (Smith und Sjöstrand, 1961) und bei der Katze (Spoendlin, 1966) gefunden. Bei Untersuchungen zur Entwicklung des Cortischen Organs wurden in den Haarzellen Synapsenstäbchen beobachtet: beim Hühnchen vom 6.–7. Tag der Entwicklung an (Vázquez-Nin und Sotelo, 1968), bei der Maus vom Tag der Geburt an (Kikuchi und Hilding, 1965) und beim Kaninchen vom 27. Tag der Fetalentwicklung an (Nakai und Hilding, 1968).

Die synaptischen Kontakte zwischen den efferenten neuronalen Endigungen und den Sinneszellen wurden von Smith und Sjöstrand (1961) „Synapsen vom Typ II", von Rodríguez Echandía (1967), Nakai und Hilding (1968) und Vázquez-Nin und Sotelo (1968) „efferente Synapsen" genannt.

Rasmussen (1942) stellte bei der Katze und anderen Säugetieren durch Degenerationsversuche fest, daß die efferenten neuronalen Fortsätze im Cortischen Organ die Endigungen des olivo-cochleären Bündels sind, das zu etwa drei Vierteln von der contralateralen accessorischen Olive und zu etwa einem Viertel von der homolateralen oberen Olive entspringt. Dieses olivo-cochleäre Bündel (Rasmussensche Bündel) schließt sich zunächst der Bahn des Nervus vestibularis an und gelangt im Meatus acusticus internus durch die Oortsche Anastomose zum Nervus cochlearis. Diese Feststellungen wurden von Kimura und Wersäll (1962) beim Meerschweinchen, Iurato (1962) bei der Ratte, Spoendlin und Gacek (1963) bei der Katze und Smith und Rasmussen (1963, 1965) beim Chinchilla-Kaninchen bestätigt.

Im Bereich efferenter Synapsen sind weder die synaptische Membran der neuronalen Endigung noch diejenige der Sinneszelle verdickt. Im Cytoplasma des neuronalen Fortsatzes finden sich multiple helle Vesikel (Durchmesser 33–40 nm), die zum Teil der präsynaptischen Membran gehäuft anliegen. Im postsynaptischen Cytoplasma der Sinneszelle sind glattwandige, flache subsynaptische Cisternen vorhanden (Abb. 11 b und Abb. 12). Solche subsynaptische Cisternen werden auch im Zentralnervensystem in unmittelbarer Nachbarschaft postsynaptischer Membranen beobachtet (Whittaker und Gray, 1962). Die Vesikel im präsynaptischen Cytoplasma enthalten die Transmittersubstanz, wahrscheinlich Acetylcholin (Whittaker, 1959, 1964; De Robertis *et al.*, 1961; Gray und Whittaker, 1962).

Zwischen Epithelzellen der Basalplatte des Ductus cochlearis finden wir neuronale Fortsätze frühestens am 36. Entwicklungstag (3. Windung). Sie enthalten im Neuroplasma einzelne Mitochondrien des Crista-Typs und entweder Neurotubuli oder Neurofilamente. Nach Spoendlin (1966) sind Fortsätze mit Neurotubuli als afferente, solche mit Neurofilamenten als efferente aufzufassen. Ein unmittelbarer Kontakt zwischen diesen beiden Arten von neuronalen Fortsätzen und den künftigen Sinneszellen ist am 36. Entwicklungstag noch nicht nachweisbar.

Dagegen liegen schon am 37. Entwicklungstag (3. Windung) auf einem Radiärschnitt durch die Basalplatte neuronale Fortsätze der Basis von vier Zellen an. Diese vier Zellen, eine innere und drei äußere Haarzellen, sind auf diesem Stadium durch die beginnende Differenzierung ihres apikalen Poles (vgl. S. 64) schon als Sinneszellen gekennzeichnet.

Stellenweise sind — als erster Hinweis auf die hier entstehenden afferenten Synapsen — die einander gegenüberliegenden Plasmalemmata von Sinneszelle und neuronaler Endigung verdickt (vgl. Abb. 10a); stets enthält die beteiligte neuronale Endigung Neurotubuli (vgl. Abb. 11a). Synapsenstäbchen finden wir frühestens am 40. Entwicklungstag im Cytoplasma der Sinneszellen im Bereich afferenter Synapsen.

Zur Frage der Entstehung der Synapsenstäbchen in den Haarzellen des Cortischen Organs liegen keine Literaturangaben vor. Nach unseren Beobachtungen treten vor den Synapsenstäbchen kernhaltige Vesikel (Durchmesser ca. 75 nm) auf; beide Strukturen haben gleiche elektronenoptische Dichte. Diese kernhaltigen Vesikel sind zunächst im basalen Cytoplasma der Haarzellen diffus verteilt (37. Entwicklungstag, 3. Windung). Vom 38. Entwicklungstag (3. Windung) an bilden sie Ansammlungen im Bereich afferenter Synapsen unmittelbar neben der verdickten präsynaptischen Membran, der sie vom 40. Entwicklungstag (3. Windung) an stellenweise dicht anliegen. In der 2. Windung sehen wir am gleichen Entwicklungstag neben solchen kernhaltigen Vesikeln erstmals einzelne Synapsenstäbchen (vgl. Abb. 10 b). In den nächsten Tagen nimmt die Zahl der afferenten Synapsen und ebenso die Zahl der Synapsenstäbchen rasch zu, während umgekehrt die Zahl der kernhaltigen Vesikel abnimmt. Auf späteren Entwicklungsstadien (vom 49. Entwicklungstag an) sind im Bereich afferenter Synapsen nur noch Synapsenstäbchen, von kernlosen Vesikeln umgeben, jedoch nicht mehr kernhaltige Vesikel zu sehen; auch im übrigen Cytoplasma der Sinneszellen sind von diesem Zeitpunkt der Entwicklung an keine kernhaltigen Vesikel mehr auffindbar. Wir vermuten, daß die kernhaltigen Vesikel für die Entstehung der Synapsenstäbchen von Bedeutung sind — sei es, daß sie dafür Material heranschaffen bzw. abgeben, sei es, daß sie durch enge Zusammenlagerung selbst die Synapsenstäbchen bilden. Bei der letztgenannten Möglichkeit müßte allerdings die Membran der Vesikel abgebaut werden, da die Synapsenstäbchen offenbar keine solche besitzen.

Elektronendichte, unregelmäßig geformte Körper, wie sie als Vorstufen der Synapsenstäbchen in den Stäbchenzellen der Retina der Ratte während der postnatalen Entwicklung von Weidman und Kuwabara (1968) beschrieben werden, finden wir in den Haarzellen des Cortischen Organs des Meerschweinchens während der Fetalentwicklung nicht; andererseits beschreiben jene Autoren in ihrem Material keine kernhaltigen Vesikel. Cohen (1963) kommt aufgrund seiner Studien an der Retina der Taube zu der Annahme, daß die Synapsenstäbchen aus modifizierten eingestülpten und angelagerten Cytoplasmamembranen gebildet werden. Auch für einen derartigen Entstehungsmechanismus der Synapsenstäbchen geben unsere Untersuchungen keinen Anhalt.

Vom 40. Entwicklungstag (2. Windung) an finden wir dem basalen Pol von Haarzellen dicht anliegend auch einzelne efferente neuronale Endigungen: sie enthalten im Neuroplasma, zunächst regellos verteilt, helle Vesikel (Durchmesser 33–40 nm). Verdickungen der synaptischen Membranen von neuronaler Endigung und Sinneszelle werden im Bereich efferenter Synapsen weder während der Entwicklung noch später beobachtet. Die efferenten neuronalen Endigungen finden sich zuerst besonders am basalen Pol der inneren Haarzellen, haben geringe räumliche Ausdehnung und sind in diesen frühen Stadien auch zahlenmäßig spärlicher als die afferenten neuronalen Endigungen.

Am 40. Entwicklungstag (Basalwindung) liegen im Neuroplasma mancher efferenter neuronaler Endigungen erstmals die Synapsenbläschen an manchen Stellen der präsynaptischen Membran gehäuft an; bei solchen Synapsen treten im Cytoplasma der Sinneszelle in unmittelbarer Nähe der postsynaptischen Membran glattwandige, flache Cisternen (subsynaptische Cisternen) auf (vgl. Abb. 11 b). Vom 46. Entwicklungstag an sind regelmäßig Bläschenanhäufungen an der präsynaptischen Membran und in den Sinneszellen subsynaptische Cisternen vorhanden.

Nach anfänglicher zahlenmäßiger Zunahme der afferenten Synapsen werden vom 52. Entwicklungstag an auch die efferenten Synapsen zahlreicher. Gegen Ende der Fetalentwicklung nimmt außerdem die Ausdehnung der efferenten neuronalen Endigungen und damit auch die Ausdehnung ihrer Kontaktflächen mit den Sinneszellen stark zu, so daß die efferenten Synapsen von diesem Zeitpunkt der Entwicklung an gegenüber den afferenten deutlich überwiegen.

Für das Vorkommen eines Synapsenstäbchens im postsynaptischen Cytoplasma einer äußeren Haarzelle in einer efferenten Synapse (am 59. Entwicklungstag in der Basalwindung, s. S. 61) können wir vorläufig keine Erklärung geben (Thorn *et al.*, 1972).

Hinsichtlich der Herkunft der synaptischen Vesikel wurden verschiedene Möglichkeiten erörtert: Nach Palay und Palade (1955), De Robertis und Bennett (1955), De Robertis und Franchi (1956) und Palay (1956, 1958) entstehen sie aus dem glatten endoplasmatischen Reticulum, nach van Breemen *et al.* (1958) aus dem Golgi-Apparat. Stelzner (1971) hat mit der Zinkjodid-Osmium-Technik die Herkunft der synaptischen Vesikel sowohl vom Golgi-Apparat als auch vom glatten endoplasmatischen Reticulum postuliert. Zu dieser Frage können wir mit den von uns angewandten Methoden nicht Stellung nehmen. Lovas (1971) schließt aus seinen Untersuchungen an der Retina des Menschen, des Affen *Macaca mulatta*, der Katze und des Hundes, daß die synaptischen Vesikel aus Ansammlungen von Tubuli hervorgehen. Diese Entstehungsweise der synaptischen Vesikel läßt sich aus unserem Untersuchungsgut nicht ableiten.

Der zeitliche Abstand zwischen dem ersten Auftreten von afferenten und efferenten Synapsen ist beim Meerschweinchen gering (40. Entwicklungstag, benachbarte Windungen!). Im Gegensatz dazu berichten Kikuchi und Hilding (1965) von der Maus ein weit größeres Zeitintervall, nämlich 9 Tage, zwischen der frühesten Beobachtung der beiden Arten von Synapsen. Möglicherweise hängt diese so sehr verschiedene zeitliche Differenz im Auftreten der beiden Synapsentypen bei den genannten Species damit zusammen, daß das Meerschweinchen als Nestflüchter mit vollständig entwickeltem und funktionsfähigem Cortischen Organ geboren wird, während die Maus als Nesthocker taub geboren wird und die Ausbildung des Cortischen Organs erst nach der Geburt abschließt (Weibel, 1957; Kikuchi und Hilding, 1965; Sher, 1971).

Axo-axonale Synapsen zwischen efferenten und afferenten neuronalen Fortsätzen im Bereich des inneren Spiralbündels (unterhalb der inneren Haarzelle), wie sie Smith und Sjöstrand (1961) im Cortischen Organ des Meerschweinchens und Spoendlin (1966, 1970) und Rodríguez Echandía (1968) in dem der Katze beschreiben, finden sich in unserem Untersuchungsgut nicht.

Kernhaltige Vesikel von ca. 75 nm Durchmesser, also gleicher Größe wie im basalen Cytoplasma der Sinneszellen, sind vom 37. Entwicklungstag an auch in neuronalen Fortsätzen in der Nähe der Sinneszellen vorhanden; sie bleiben hier auch noch nach der Geburt nachweisbar. Ihre eventuelle Bedeutung bei der adrenergen Innervation des Cortischen Organs wird von Spoendlin (1966) erörtert.

c) Die übrige Zelle

Die Zellkerne der Haarzellen sind chromatinreich; zunächst sind sie hochgestellt ovoid. Sie nehmen dann (38. Entwicklungstag, 2. Windung) etwas früher als die Zellkerne der Stützzellen kugelige Form an. Vorübergehend (38.–50. Entwicklungstag) weisen sie geringe oder auch tiefe Einbuchtungen auf.

Das Cytoplasma ist bei Beginn der Differenzierung reich an Zellorganellen (Mitochondrien des Crista-Typs, granuläres endoplasmatisches Reticulum), die keine bevorzugte Anordnung aufweisen. Der Organellengehalt nimmt im Laufe der Fetalentwicklung etwas ab. Außerdem treten für die Haarzellen eigentümliche spezifische Strukturen im Cytoplasma auf:

Glattwandige, flache Cisternen, die unter dem lateralen Plasmalemm etwa parallel zu diesem verlaufen (Abb. 14), beobachten wir bei den inneren Haarzellen etwas früher (40. Entwicklungstag, 2. Windung) als bei den äußeren Haarzellen (42. Entwicklungstag, 3. Windung). Zunächst ist bei beiden Arten von Haarzellen nur je eine derartige Cisterne feststellbar; vom 48. Entwicklungstag an (Basalwindung) findet man sie bei den äußeren Haarzellen in der Regel in mehreren Lagen. Kurz vor der Geburt nimmt die Anzahl dieser Cisternen in den äußeren Haarzellen weiter zu. Bei anderen Species sind diese Cisternen in geringerer Zahl vorhanden, so bei der Ratte (Iurato, 1961), bei der Katze (Spoendlin, 1966) und auch beim Menschen (Kimura *et al.*, 1965). Hervorzuheben ist unser Befund von Cisternen auch an den inneren Haarzellen (Abb. 14). Er steht in Widerspruch zu den Angaben von Smith (1955) und Smith und Dempsey (1957), die beim adulten und jungen Meerschweinchen unter dem lateralen Plasmalemm dieser Zellen keine Cisternen, sondern nur Vesikel sehen. Auch bei der Katze beschreibt Spoendlin (1966) an dieser Stelle nur einzelne Vesikel.

Vom 50. Entwicklungstag (3. Windung) an finden sich im subapikalen Cytoplasma der äußeren Haarzellen zusätzlich zahllose dicht gepackte, größtenteils glattwandige Cisternen, die zum Teil parallele Anordnung und stellenweise eine konzentrische Schichtung aufweisen. Anfangs sind an den Membranen dieser Cisternen ganz vereinzelt Ribosomen zu beobachten (Abb. 15a); auf späteren Entwicklungsstadien sind die Cisternen ausnahmslos glattwandig (Abb. 15b). Dieses Cisternensystem ist in den letzten Tagen vor der Geburt regelmäßig konzentrisch geschichtet angeordnet und auf einen umschriebenen Bezirk beschränkt. Nach Engström und Ades (1960) sowie Spoendlin (1966) entsprechen diese Cisternen (zumindest zum Teil) dem Hensenschen Körper der Lichtmikroskopie; Engström (1955) schlägt für dieses Cisternensystem den Namen „lamellärer Komplex" vor. Auch dieses System ist bei verschiedenen Species unterschiedlich stark ausgeprägt. Während es beim Menschen nach Untersuchungen von Kimura *et al.* (1965) sehr ausgedehnt und ebenfalls konzentrisch angeordnet ist, läßt der umschriebene Komplex bei Katze und Ratte eine solche Anordnung vermissen (Spoendlin, 1966).

Bei der Katze beobachtet Spoendlin (1966) an den Membranen der beiden genannten spezifischen Cisternensysteme vereinzelt Ribosomen. Daraus schließt der Autor, daß sich diese Systeme von Membranen des rauhen endoplasmatischen Reticulums herleiten. Auch unsere Beobachtung von wabenartig angeordneten Membranen des rauhen endoplasmatischen Reticulums im subapikalen Cytoplasma der äußeren Haarzellen vom 41. Entwicklungstag an (vgl. S. 37), also vor dem Auftreten des subapikalen Cisternensystems (Abb. 15a), spricht für die Auffassung von Spoendlin; allerdings konnten wir nie Übergangsformen zwischen dem rauhen endoplasmatischen Reticulum und den parallel zum lateralen Plasmalemm angeordneten, glattwandigen Cisternen beobachten.

Bezüglich der funktionellen Bedeutung dieser beiden Cisternensysteme haben Engström (1955) und Spoendlin (1959) eine Beziehung zur Entstehung der cochleären Mikrophonpotentiale in Erwägung gezogen. Nach diesem Konzept sollen mechanische Verformungen der Cisternen Veränderungen des Potentials dieser Zellen bewirken können. In diesem Zusammenhang wurde auch eine mögliche Beteiligung der Systeme bei der Aufrechterhaltung des Ruhepotentials der Haarzellen gegenüber den umgebenden Medien vermutet (Davis, 1956; Spoendlin, 1966).

Lysosomen finden wir schon am 36. Entwicklungstag (4. Windung) vereinzelt im Cytoplasma. Sie werden bei allen bisher untersuchten Tieren und auch beim

Menschen in den Haarzellen des Cortischen Organs gefunden (Spoendlin, 1966).
Nach Untersuchungen von Spoendlin (1958, 1962) sowie von Engström und Ades
(1960) nimmt die Anzahl der Lysosomen nach langzeitiger Einwirkung von lauten
Geräuschen zu; ebenso sind sie nach Kimura *et al.* (1965) bei älteren Tieren
zahlreicher als bei jungen. Allerdings konnten die zuletzt genannten Autoren
beim Menschen einen solchen Altersunterschied nicht feststellen.

Vom 50. Entwicklungstag an findet sich im Cytoplasma der äußeren Haarzellen
nur noch wenig granuläres endoplasmatisches Reticulum, während es im supranucleären Cytoplasma der inneren Haarzellen auch noch nach der Geburt weiter
vorhanden bleibt. Der Gehalt an freien Ribosomen nimmt bei beiden Arten von
Haarzellen im Laufe der Fetalentwicklung ab; in Übereinstimmung mit diesem
morphologischen Befund stellen Oshiro und Perlman (1965) eine Abnahme des
RNS-Gehaltes des Cortischen Organs während seiner Entwicklung fest. Auf die
Bedeutung der RNS für die Proteinsynthese und die Induktion von Gestaltungs-
vorgängen während des Differenzierungsprozesses weisen auch Brachet (1964),
Titova (1965) und Chodynicki (1968) hin.

In Übereinstimmung mit den lichtmikroskopisch-histochemischen Untersuchungen an Meerschweinchenfeten von Chodynicki (1968) können wir im Cytoplasma der Haarzellen zur Zeit des Beginns der Differenzierung Einlagerungen
von Glykogen feststellen (so am 37. Entwicklungstag in der 3. Windung). Auffallend ist die dann nachfolgende Glykogenverminderung bis zum völligen
Schwund (z.B. am 39. Entwicklungstag in der 2. Windung). Mit Beginn der
Funktionsfähigkeit des Cortischen Organs (s. S. 81) ist vorübergehend (49.–51. Entwicklungstag) wieder Glykogen im Cytoplasma der Haarzellen vorhanden.

Sogenannte „quergestreifte Körper", wie sie Spoendlin (1966) im subapikalen
Cytoplasma der inneren Haarzellen bei der Katze beschreibt und wie sie Hilding
und House (1964) in den Sinneszellen des Gleichgewichtsorgans beim Menschen
finden, beobachten wir im Cortischen Organ des Meerschweinchens nicht.

Gegen Ende der Fetalentwicklung strecken sich die Sinneszellen in die Länge;
die äußeren Haarzellen nehmen hochzylindrische, die inneren mehr birnenförmige
Gestalt an. Zu dieser Zeit nimmt die Zahl der Zellorganellen etwas ab.

2. Die Differenzierung der Stützzellen

Das Cytoplasma der Stützzellen ist auf frühen Entwicklungsstadien wie das
der Haarzellen organellenreich. Lysosomen und vereinzelte Lipidtropfen werden
schon am 36. Entwicklungstag (4. Windung) beobachtet, ebenso einzelne multivesikuläre Körper im apikalen Cytoplasma. Glykogeneinlagerungen finden sich
bereits (wie bei den Haarzellen) am 37. Entwicklungstag; sie nehmen dann, besonders in den Pfeilerzellen, vor und während der Eröffnung des inneren Tunnels
und des Nuelschen Raumes stark zu und verschwinden mit Abschluß der Ausbildung der beiden Corti-Lymphräume allmählich (s. S. 81). Vom 52. Entwicklungstag (Basalwindung) bis 56. Entwicklungstag an ist kein Glykogen mehr
nachweisbar. Auch bei den Stützzellen nehmen der Organellengehalt und der
Gehalt an freien Ribosomen im Laufe der Fetalentwicklung ab (vgl. oben). An
der freien Oberfläche der Stützzellen finden sich Mikrovilli, manchmal auch eine
Kinocilie.

Die beginnende Differenzierung der beiden Pfeilerzellen ist am 38. Entwicklungstag in der 3. Windung feststellbar: An der Grenze zwischen den beiden Epithelwülsten fallen jetzt erstmals die beiden langgestreckten Pfeilerzellen auf; sie reichen von der Basilarmembran bis zur Epitheloberfläche. Die basal gelegenen, chromatinreichen Zellkerne sind zunächst wie die Zellkerne der übrigen Stützzellen und die der Haarzellen hochgestellt ovoid; ab dem 40. Entwicklungstag (Basalwindung) nehmen sie kugelige Form an. Das anfangs organellenreiche Cytoplasma enthält vom 50. Entwicklungstag an kein granuläres endoplasmatisches Reticulum mehr. Der Glykogengehalt des Cytoplasmas ist hier vorübergehend besonders ausgeprägt (vgl. S. 72 und 81).

Mit Beginn der Eröffnung des inneren Tunnels und des Nuelschen Raumes (am 41. Entwicklungstag) bildet der laterale Zellrand der beiden Pfeilerzellen zahlreiche Mikrovilli, die in diese Corti-Lymphräume ragen und mit Abschluß der Eröffnung der Räume größtenteils zurückgebildet werden. Mit Beginn der Eröffnung des inneren Tunnels (im supranucleären Bereich zwischen den beiden Pfeilerzellen) treten apikal von diesem Raum zwischen den Plasmalemmata der Pfeilerzellen zahlreiche Desmosomen auf, die mit apikalwärts fortschreitender Tunneleröffnung allmählich verschwinden. Nur im Kopfbereich bleiben die Pfeilerzellen zeitlebens durch Desmosomen verbunden.

Im Cytoplasma der beiden Pfeilerzellen sind vom 41. Entwicklungstag an in der 3. Windung, vom 45. Entwicklungstag an auch in der 4. Windung Mikrotubuli (Durchmesser ca. 15 nm), in Richtung der Zellachse verlaufend, vorhanden, die sich später (46. Entwicklungstag, 2. Windung) zu Bündeln zusammenlagern. Vom 50. Entwicklungstag an fällt im basalen Cytoplasma eine reihenförmige Anordnung der Mitochondrien (Crista-Typ) zwischen den Bündeln der Mikrotubuli auf (vgl. Abb. 21).

Auf späteren Entwicklungsstadien (56. Entwicklungstag) nehmen die Pfeilerzellen ihre charakteristische Form an: Die breite Basis, die den Zellkern enthält, sitzt der Basilarmembran auf; ihr folgt ein langgestreckter, schmaler Teil, an den apikalwärts der ebenfalls breite Kopfbereich anschließt. Auf diesem Entwicklungsstadium ist erstmals im basalen Cytoplasma beider Pfeilerzellen zwischen den Mikrotubuli und Mitochondrien ein opaker, organellenfreier Cytoplasmabezirk zu sehen.

Die Zellen strecken sich dann weiter in die Länge (58. Entwicklungstag); in der äußeren Pfeilerzelle ist der Beginn der Entwicklung einer Kopfplatte in Form unregelmäßig begrenzter, opaker Cytoplasmabezirke festzustellen. Am 63. Entwicklungstag, also kurz vor der Geburt, sind die Kopfplatten der äußeren und inneren Pfeilerzelle voll ausgebildet. Nach der Geburt (am 1. Lebenstag) sind die Kopfplatten (wie die der Haarzellen) elektronendichter als während der Fetalzeit. Außerdem sind jetzt zu Zonulae occludentes ausgedehnte Desmosomen zwischen den Kopfplatten der äußeren und inneren Pfeilerzelle und ebenso zwischen den Kopfplatten der einzelnen inneren Pfeilerzellen zu beobachten; dagegen finden sich zwischen den einzelnen äußeren Pfeilerzellen Cytoplasmaausstülpungen des kopfplattenfreien Bereiches.

Der basal gelegene opake Cytoplasmabezirk grenzt ab dem 1. Lebenstag an das basale Plasmalemm; die Mikrotubuli ziehen von diesem Cytoplasmabezirk bis zu den Kopfplatten bzw. zur Membrana reticularis.

Die Mikrotubuli entsprechen den lichtmikroskopisch in den Pfeilerzellen als Tonofibrillen beschriebenen Strukturen. Der Durchmesser der Mikrotubuli beträgt beim Meerschweinchen nach unseren Untersuchungen ca. 15 nm. Andere Autoren geben ganz ähnliche Maße an: Spoendlin (1957: Meerschweinchen; 1966: Katze) ca. 15 nm, Iurato (1961: Ratte) ca. 21,5 nm. Iurato macht die Proteinnatur der Strukturen mit histochemischen Methoden wahrscheinlich. Während er den Tubulusaspekt als Effekt des Osmiumkontrastes auffaßt und daher die Strukturen für Filamente hält, weist Spoendlin (1966: Katze) auch in unkontrastiertem Material ihren tubulären Charakter nach.

Gitterartige Strukturen im basalen und apikalen Cytoplasma der beiden Pfeilerzellen, wie sie Spoendlin (1966) bei der Katze beobachtet, finden wir beim Meerschweinchen nicht.

b) Die äußeren Phalangenzellen (Deiters)

Die Deitersschen Zellen werden am 37. Entwicklungstag in der 3. und am 38. Entwicklungstag in der 4. Windung erkennbar: Sie besitzen einen breiten basalen Teil, der der Basilarmembran aufsitzt und nach apikal bis zum unteren Pol der äußeren Haarzellen bzw. den hier liegenden neuronalen Fortsätzen reicht, und eine schmale Phalanx, die sich zur Epitheloberfläche erstreckt und hier in der Membrana reticularis mit den benachbarten äußeren Haarzellen verbindet. An der freien Oberfläche der Phalanx finden sich einzelne Mikrovilli. Der im basalen Teil der Zelle gelegene Zellkern ist zunächst hochgestellt ovoid, vom 40. Entwicklungstag an kugelig und ziemlich chromatinreich. Der Gehalt des Cytoplasmas an Organellen, freien Ribosomen und Glykogen entspricht im wesentlichen dem bei den übrigen Stützzellen (vgl. S. 72). Vom 42. Entwicklungstag an fällt in den Zellen besonders viel granuläres endoplasmatisches Reticulum auf, das ab dem 45. Entwicklungstag vor allem in den jetzt etwas verbreiterten Phalangen lokalisiert ist.

Mikrotubuli (Durchmesser ca. 15 nm) sind erstmals am 41. Entwicklungstag (3. Windung) zu finden; sie gleichen völlig denen der Pfeilerzellen (s. oben) und verlaufen wie diese in Richtung der Zellachse. Vom 52. Entwicklungstag an sind auch in den Deitersschen Zellen basal zwischen den Mikrotubuli-Bündeln Mitochondrien (Crista-Typ), in Reihen angeordnet, vorhanden.

Auch die Deitersschen Zellen strecken sich zwischen dem 51. und dem 56. Entwicklungstag in die Länge. Kurz vor der Geburt wird ihr Cytoplasma infolge Verminderung von Organellen auffallend hell. Gleichzeitig bildet sich basal ein (allerdings unregelmäßig begrenzter) opaker Bezirk. Die Mikrotubuli reichen von diesem Bezirk und dem diesen umgebenden Cytoplasma in der Phalanx bis zur Membrana reticularis, in dem den neuronalen Fortsätzen und der Haarzelle benachbarten Teil der Zelle bis zum apikalen Plasmalemm.

c) Die Hensenschen Zellen

Die hochprismatischen Hensenschen Zellen werden am 36. Entwicklungstag (3. Windung) ganz lateral im kleinen Epithelwulst unterscheidbar. Die chromatinreichen Zellkerne sind bis zum 44. Entwicklungstag hochgestellt ovoid, danach kugelig. Der Organellen- und Ribosomengehalt des Cytoplasmas nimmt im Laufe der Entwicklung ab; der Glykogengehalt verhält sich wie bei den übrigen

Stützzellen (vgl. S. 72). Einzelne Lipidtropfen sind bereits am 36. Entwicklungstag vorhanden; ihre Menge nimmt (anders als bei den übrigen Stützzellen) bis zum 41. Entwicklungstag rasch zu. Gleichzeitig wird das rauhe endoplasmatische Reticulum vermehrt; die Cisternen sind zeitweise sehr weit und weisen vorübergehend (45. Entwicklungstag) eine wabenartige Struktur auf.

An der freien Oberfläche der Hensenschen Zellen finden sich auf frühen Entwicklungsstadien (36. Entwicklungstag) einzelne Mikrovilli; diese werden in den folgenden Tagen zahlreicher. Später (48. Entwicklungstag) ist im Inneren der Mikrovilli eine Längszeichnung erkennbar (vgl. S. 64). Engström und Wersäll (1953) vermuten, daß die Mikrovilli der Hensenschen Zellen für die Stoffaufnahme des Cortischen Organs bedeutsam sind. Spoendlin (1966) nimmt an, daß diese Mikrovilli eine Rolle beim Flüssigkeitsaustausch zwischen der Endolymphe und den Hensenschen Zellen spielen.

Vom 45. Entwicklungstag an sind zwischen den Plasmalemmata der Hensenschen und der Claudiusschen Zellen bis ca. 1,8 µm breite interzelluläre Räume vorhanden, in die vom 50. Entwicklungstag an einzelne Mikrovilli ragen. Die Existenz dieser vorwiegend ganz basal gelegenen extrazellulären Räume erklärt den Befund, den von Ilberg (1968) an der Cochlea des Meerschweinchens erhoben hat: Markierte Stoffe (Thorotrast) treten aus der Perilymphe der Scala tympani in die Corti-Lymphe und das Cortische Organ über, indem sie lediglich die Basilarmembran zu passieren haben.

Gegen Ende der Fetalentwicklung (etwa ab dem 50. Entwicklungstag) strecken sich beim Höhenwachstum des Cortischen Organs auch die Hensenschen Zellen in die Länge. Die Menge und Größe der Lipidtropfen nimmt gleichzeitig rasch zu. Wie bei den Deitersschen Zellen wird das Cytoplasma kurz vor der Geburt unter Verminderung des Organellengehaltes auffallend hell.

d) Die Claudiusschen Zellen

Die den Sulcus spiralis externus begrenzenden Claudiusschen Zellen verändern Form und Aussehen im Laufe der Fetalentwicklung kaum. Der anfangs hochprismatische Zellverband mit ovoiden Zellkernen ist vom 42. Entwicklungstag an isoprismatisch mit kugeligen Kernen. Der Organellen- und Glykogengehalt verhält sich wie bei den übrigen Stützzellen. Besonders ausgedehnte Glykogeneinlagerungen beobachten wir hier am 45. Entwicklungstag.

An der freien Oberfläche finden wir einzelne Mikrovilli, ganz vereinzelt eine Kinocilie. Die interzellulären Räume zwischen den Hensenschen und den Claudiusschen Zellen wurden oben beschrieben. Die Claudiusschen Zellen bleiben auch nach der Geburt iso- bis hochprismatisch; sie strecken sich nicht in die Länge.

e) Die inneren Stützzellen
(innere Phalangenzelle und innere Grenzzellen)

Die inneren Stützzellen stellen den Großteil der Zellen des großen Epithelwulstes dar. Während sich die zwischen der inneren Pfeilerzelle und der inneren Haarzelle liegende innere Phalangenzelle und die am weitesten lateral gelegenen, ebenfalls unmittelbar an die innere Haarzelle angrenzenden inneren Grenzzellen gegen Ende der Fetalentwicklung in die Länge strecken, werden die übrigen, weiter medial gelegenen inneren Grenzzellen bei der sehr rasch erfolgenden Einsenkung des Sulcus spiralis internus niedriger; sie gehen von der hochprismatischen zur isoprismatischen Form über. Gleichzeitig werden ihre chromatinreichen, vorher ovoiden Zellkerne kugelig. Dagegen behalten die Zellkerne der hochprismatischen inneren Stützzellen, die die innere Haarzelle umgeben, ihre hochgestellt längliche Form, im Gegensatz zu allen übrigen Zellen des Cortischen Organs. Eine Kernpyknose, wie sie Weibel (1957) lichtmikroskopisch während der Bildung des Sulcus spiralis internus im großen Epithelwulst bei der Maus beschreibt, können wir beim Meerschweinchen nicht beobachten; eine solche wird auch von Wada (1923) bei der Ratte nicht erwähnt.

Die freie Oberfläche der inneren Stützzellen ist auf frühen Stadien (36. Entwicklungstag, 4. Windung) mit wenigen Mikrovilli und gelegentlich einer Kinocilie besetzt. Die Zahl der Mikrovilli nimmt ab dem 38. Entwicklungstag rasch zu, zugleich ihre Länge. Ab dem 40. Entwicklungstag fällt ein enger Kontakt zwischen diesen Mikrovilli und Filamenten der Membrana tectoria auf (Abb. 8a): Manche Filamente der Membrana tectoria liegen dem Plasmalemm der Mikrovilli unmittelbar an. Den gleichen Sachverhalt schildern Kikuchi und Hilding (1965) bei der Maus. Nach lichtmikroskopischen Untersuchungen von Hardesty (1915) an Schweinefeten sollen die Fibrillen der Membrana tectoria fest mit den Zellen des großen Epithelwulstes verbunden sein — "in the production of the tectorial membrane, each cell of the greater epithelial ridge may contribute an average of 25 fibrils to the membrane". Auch Weibel (1957) nimmt aufgrund lichtmikroskopischer Beobachtungen bei der Maus an, daß vorübergehend eine feste Verbindung zwischen den Mikrovilli des großen Epithelwulstes und den Fibrillen der Membrana tectoria besteht. Ebenso kommt Chodynicki (1968) nach lichtmikroskopischen Untersuchungen an Meerschweinchenfeten zu dieser Annahme; er folgert daraus, daß die Zellen des großen Epithelwulstes die Membrana tectoria bilden. Die Membrana tectoria besteht nach diffraktographischen, polarisationsoptischen und chemischen Untersuchungen von Iurato (1960) bei der Ratte hauptsächlich aus Proteinen, die zur Gruppe der weichen Keratine mit geringem Cystingehalt gehören dürften.

Nach der Einsenkung des Sulcus spiralis internus (am 48. Entwicklungstag) behalten die hochprismatischen inneren Stützzellen (in der unmittelbaren Umgebung der inneren Haarzelle) zunächst ihre Mikrovilli, deren Länge sogar noch zunimmt (vgl. S. 66) und deren enger Kontakt zu den Filamenten der Membrana tectoria bestehen bleibt (vgl. Abb. 8b u. c). Dagegen haben die isoprismatisch gewordenen inneren Grenzzellen am Boden des Sulcus spiralis internus ihren Mikrovillibesatz verloren. Eine Rückbildung mit Verkürzung und deutlicher zahlenmäßiger Verminderung der Mikrovilli an der apikalen Oberfläche der hochprismatischen inneren Stützzellen ist erst gegen Ende der Fetalentwicklung (52. Entwicklungstag) festzustellen; gleichzeitig verlieren die Mikrovilli den Kontakt zu den Filamenten der Membrana tectoria.

Auf frühen Entwicklungsstadien sind die inneren Stützzellen reich an Zellorganellen, besonders an rauhem endoplasmatischem Reticulum (39.–49. Entwicklungstag), das vorübergehend (45. Entwicklungstag) wabenartige Anordnung aufweist. Auch Lipide sind zu dieser Zeit reichlich vorhanden. Der Glykogengehalt des Cytoplasmas ändert sich jeweils gleichzeitig mit dem der übrigen Stützzellen (vgl. S. 72). Auffallend sind dichte Glykogeneinlagerungen in einzelnen Zellen kurz vor der Einsenkung des Sulcus spiralis internus. Diese Glykogenanhäufungen dürften die gleiche funktionelle Bedeutung besitzen wie diejenigen

76

in den Pfeiler- und Deitersschen Zellen um die Zeit der Eröffnung der Corti-Lymphräume. Wir vermuten, daß dem Glykogendepot die Aufgabe eines Energie-speichers zukommt. Chodynicki (1968) neigt hingegen zu der Annahme, daß das Glykogen mit Beginn der Funktionsfähigkeit des Organs im Energiestoffwechsel verbraucht werde. Gegen Ende der Fetalentwicklung nimmt auch bei den inneren Stützzellen der Organellengehalt ab.

3. Die Eröffnung der Corti-Lymphräume

Zwischen dem 41. und dem 51. Entwicklungstag verbreitert sich die Basial-platte des Ductus cochlearis merklich in radiärer Richtung (von ca. 200 μm auf ca. 270 μm). Bestimmte Epithelzellen, die bis dahin in ihrer gesamten Höhe engsten Kontakt miteinander hatten (Interzellularfugen ca. 25–30 nm), weichen in umschriebenen Bereichen etwas auseinander: Dieser Vorgang ist als das Initialstadium in der Entstehung der Corti-Lymphräume aufzufassen. Beim Meerschweinchen beginnt nach unseren Untersuchungen die Bildung dieser intra-epithelialen Räume medial an der Grenze zwischen den beiden Epithelwülsten (künftiger innerer Tunnel) und setzt sich in lateraler Richtung fort. Es folgt der Nuelsche Raum, der sich dann nach lateral weiter zwischen die äußeren Haarzellen und die äußeren Phalangenzellen (Deiters) ausdehnt, und schließlich der am weitesten lateral gelegene äußere Tunnel. Auch bei der Ratte beginnt die Er-öffnung der Corti-Lymphräume mit dem inneren Tunnel, um sich nach lateral auszudehnen (Wada, 1923). Bei der Maus dagegen beschreibt Weibel (1957) eine andere Reihenfolge; der Autor ist der Auffassung, daß als erster Corti-Lymph-raum der Nuelsche Raum zwischen der äußeren Pfeilerzelle, der ersten äußeren Haarzelle und der ersten äußeren Phalangenzelle entstehe, auf den dann als „Nebenraum" der innere Tunnel folge.

a) Der innere Tunnel

Die beginnende Eröffnung des inneren Tunnels beobachten wir in unserem Untersuchungsgut zuerst am 41. Entwicklungstag in der Basalwindung: Beim Breitenwachstum der Basalplatte entfernen sich die beiden Pfeilerzellen in ihrem supranucleären Bereich etwas voneinander, so daß ein schmaler Spalt entsteht; in diesen entsenden die lateralen Plasmalemmata beider Zellen eine Vielzahl von Mikrovilli. Apikal sind die Plasmalemmata dieser Zellen jetzt durch zahl-reiche Desmosomen fest verbunden; basal (im Kern- und infranucleären Bereich) liegen sie, ohne solche Verhaftungen, dicht nebeneinander.

In den folgenden Entwicklungstagen wird der Spalt allmählich etwas breiter, wobei die Mikrovilli zunächst erhalten bleiben. Gleichzeitig schreitet die Spalt-bildung schneckenspitzenwärts fort: Am 42. Entwicklungstag erreicht sie die 2., am 44. Entwicklungstag die 3., am 46. Entwicklungstag die 4. Windung. Ferner bilden sich apikal und basal vom Spalt umschriebene Dehiscenzen zwischen den Plasmalemmata der beiden Pfeilerzellen.

Der Beginn der breiten Eröffnung des inneren Tunnels (zunächst wie der anfängliche Spalt auf den supranucleären Bereich zwischen den Pfeilerzellen beschränkt) variiert bei einzelnen Tieren offenbar stark (vgl. S. 59 und 51).

Während der innere Tunnel bei einem Objekt bereits am 48. Entwicklungstag (Basalwindung) breit eröffnet vorliegt, ist er bei einem anderen Objekt am gleichen Entwicklungstag in der gleichen Windung und bei drei weiteren Objekten sogar einen Tag später (49. Entwicklungstag, Basalwindung) erst als schmaler Spalt vorhanden. Gleichzeitig mit der breiten Eröffnung des inneren Tunnels werden die in ihn ragenden Mikrovilli weitgehend rückgebildet; ein Teil von ihnen verschwindet ganz, die restlichen verkürzen sich erheblich. Im basalen und apikalen Zellbereich sind vor dem 50. Entwicklungstag keine wesentlichen Fortschritte der Tunneleröffnung festzustellen. Dann erweitert sich der innere Tunnel basalwärts (3. Windung): Die beiden Pfeilerzellen weichen jetzt auch im Kernbereich auseinander. Der innere Tunnel hat damit seine endgültige basale Begrenzung erreicht: den infranucleären Bereich der Pfeilerzellen. Zur gleichen Zeit (Basalwindung) dehnt er sich auch apikalwärts aus: Die dem inneren Tunnel zunächst gelegenen Desmosomen lösen sich; es entsteht hier in Fortsetzung des breit eröffneten Teiles des inneren Tunnels ein zunächst schmaler Spalt, in den beide Pfeilerzellen Mikrovilli entsenden. Dieser Spalt wird in der Folge, unter allmählicher Rückbildung der Mikrovilli, zunehmend breiter. Gleichzeitig schreitet die Lösung der desmosomalen Kontakte apikalwärts weiter fort. Schließlich sind die beiden Pfeilerzellen nur noch in ihrem Kopfbereich durch Desmosomen verbunden, die erhalten bleiben und sich zu Zonulae occludentes ausdehnen. In der Mehrzahl der untersuchten Objekte ist der innere Tunnel am 51. Entwicklungstag in der 3., am 55. Entwicklungstag auch in der 4. Windung breit eröffnet.

Gegen Ende der Fetalentwicklung (51.–58. Entwicklungstag) folgt auf das Breitenwachstum der Basalplatte ein Höhenwachstum (von ca. 50 µm auf ca. 70 µm): Die Sinnes- und Stützzellen strecken sich in die Länge, dabei werden auch die Corti-Lymphräume höher. Während bei der intrauterinen Entwicklung des Meerschweinchens erst nach Abschluß des Breitenwachstums der Basalplatte das Höhenwachstum einsetzt, kommt es nach Weibel (1957) bei der Maus am 7. postnatalen Tag zu einer raschen Breiten- und gleichzeitigen Höhenzunahme des Cortischen Organs. Bei der postnatalen Entwicklung der Ratte findet Wada (1923) eine allmähliche Verbreiterung des Cortischen Organs; hinsichtlich der Höhe beschreibt der Autor anfänglich eine geringe Abnahme (3. Lebenstag), danach eine rasche Zunahme (bis zum 20. Lebenstag) und schließlich wieder eine geringe Verminderung.

b) Der Nuelsche Raum

Die Eröffnung des Nuelschen Raumes beginnt am 41. Entwicklungstag (Basalwindung). Wie bei der Bildung des inneren Tunnels entsteht auch hier (ebenfalls in Höhe des supranucleären Bereiches der Pfeilerzellen) ein schmaler Spalt, der medial von der äußeren Pfeilerzelle, lateral von der ersten äußeren Haarzelle und der ersten äußeren Phalangenzelle begrenzt wird. In diesen Spaltraum entsendet ausschließlich die äußere Pfeilerzelle Mikrovilli. Apikal vom Nuelschen Raum finden sich desmosomale Kontakte nur in der Membrana reticularis. Basal liegen die Plasmalemmata der äußeren Pfeilerzelle und der ersten äußeren Phalangenzelle dicht nebeneinander; nur stellenweise werden sie durch eingeschobene neuronale Fortsätze auseinandergedrängt.

Wie beim inneren Tunnel kommt es dann auch hier zu einer allmählichen Verbreiterung des Spaltes unter Rückbildung der Mikrovilli; ebenso dehnt sich auch der Nuelsche Raum in basaler und apikaler Richtung weiter aus; er erreicht am 50. Entwicklungstag in der 3. Windung seine endgültige basale Begrenzung, den infranucleären Bereich der äußeren Pfeilerzelle und der ersten äußeren Phalangenzelle, und in der Basalwindung seine endgültige apikale Begrenzung, die Membrana reticularis.

Vom 46. Entwicklungstag (3. Windung) an beobachten wir auch zwischen den äußeren Haarzellen und den äußeren Phalangenzellen vorerst sehr schmale Spalträume, in die sich der Nuelsche Raum nach lateral fortsetzt. Desmosomen sind hier auf die Membrana reticularis beschränkt. Mikrovilliartige Cytoplasmaausstülpungen werden von den äußeren Phalangenzellen nur in der unmittelbaren Umgebung neuronaler Fortsätze gebildet. Auch dieser laterale Teil des Nuelschen Raumes wird später allmählich weiter. Beim Höhenwachstum des Cortischen Organs (vgl. S. 78) nimmt die Höhenausdehnung aller Anteile des Nuelschen Raumes weiter zu.

c) Der äußere Tunnel

Im Vergleich zur Entstehung des inneren Tunnels und des Nuelschen Raumes kommt es erst spät (50. Entwicklungstag, 4. Windung) zur Eröffnung des äußeren Tunnels: Die vorher geradlinig eng parallel verlaufenden Plasmalemmata der dritten äußeren Phalangenzelle und der Hensenschen Zellen rücken zunächst nur geringgradig auseinander, so daß auch hier ein schmaler Spalt entsteht. Mikrovilli werden in diesem Bereich nicht gebildet; desmosomale Verhaftungen beschränken sich auf die Membrana reticularis. Auch der äußere Tunnel wird späterhin allmählich breiter und — beim Höhenwachstum des Cortischen Organs — zusätzlich höher.

Das Schrifttum verzeichnet einige Theorien zur Entstehung der Corti-Lymphräume, die sich durchwegs auf lichtmikroskopische Beobachtungen gründen.

Van der Stricht (1919) folgert aus Untersuchungen der postnatalen Entwicklung der Cochlea von Katze und Hund, daß der innere Tunnel und der Nuelsche Raum als Interzellularspalten entstehen, die durch Cytolyse oder Verflüssigung von Teilen des Cytoplasmas der Pfeilerzellen vergrößert werden; der laterale (zwischen den äußeren Haarzellen und den Deitersschen Zellen gelegene) Teil des Nuelschen Raumes und der äußere Tunnel sollen durch Verlagerung der Phalangen der Deitersschen Zellen in die weiter medial gelegenen Corti-Lymphräume eröffnet werden.

Weibel (1957) beobachtet in der sich differenzierenden Basialplatte der Maus zahlreiche „Vacuolen", die er mit der Entstehung der intraepithelialen Hohlräume in Zusammenhang bringt. Er nimmt an, daß der Abschnitt der Corti-Lymphräume, der zwischen den äußeren Haarzellen und den äußeren Phalangenzellen liegt (im Vorstehenden als lateraler Teil des Nuelschen Raumes bezeichnet), durch Abgabe von Vacuolen aus den Phalangenzellen in den Interzellularraum entsteht. Bei der Bildung des medialen Teiles des Nuelschen Raumes zwischen der äußeren Pfeiler-, ersten äußeren Haar- und ersten äußeren Phalangenzelle stellt Weibel ein anfängliches Auseinanderweichen dieser Zellen fest; er beobachtet intrazelluläre „Vacuolen" in den Pfeilerzellen und vermutet, daß deren Abgabe in den Nuelschen Raum seine Vergrößerung bewirke. Der innere Tunnel bildet sich nach Auffassung des Autors dadurch, daß sich die äußere von der inneren Pfeilerzelle abhebt und lateralwärts in den Nuelschen Raum „verlagert wird".

Für den äußeren Tunnel wird ein Auseinanderrücken der dritten äußeren Phalangenzelle und der Hensenschen Zellen angenommen.

In entschiedenem Gegensatz zu den beiden genannten Autoren kommen wir zu der Überzeugung, daß beim Meerschweinchen *sämtliche Corti-Lymphräume auf ein und dieselbe Weise entstehen*, nämlich durch das partielle Auseinanderweichen von Zellen der Basialplatte. In keinem Fall haben wir eine Cytolyse oder Verflüssigung von Cytoplasmaanteilen der Pfeilerzellen beobachtet.

In einem Teil unseres lichtmikroskopisch untersuchten Materials finden wir den von Weibel beschriebenen „Vacuolen" vergleichbare Strukturen („vacuolenartige Aufhellungen", s. S. 15). Klarheit bringt hier erst das Elektronenmikroskop. Mit ihm lassen sich in einem Teil der „vacuolenartigen Aufhellungen" einwandfrei Mitochondrien vom Crista-Typ nachweisen (Abb. 13b). Überdies finden sich am Kontakt von Sinneszellen mit solchen „Aufhellungen" Plasmalemmverdickungen, gelegentlich sogar Synapsenstäbchen auf der Seite der Sinneszelle, also typische Strukturen afferenter Synapsen. Nach all dem steht außer Frage, daß die vermeintlichen „Vacuolen" in Wahrheit neuronale Fortsätze sind.

Wir nehmen an, daß es sich dabei um artifiziell veränderte neuronale Fortsätze handelt. Auch bei rascher Entnahme der Cochlea kann es verhältnismäßig lange dauern, bis das Fixierungsmittel das Cortische Organ in allen Windungen erreicht. Wesentlich ist, daß wir derartige Veränderungen durchaus nicht in allen untersuchten Objekten konstatieren. In solchen Objekten, bei denen andere Merkmale (wie einwandfreie Mitochondrienstruktur) auf besonders guten Erhaltungs- und Fixationszustand schließen lassen, ist der Befund der „Vacuolen" nicht zu erheben. Stattdessen finden wir an korrespondierenden Stellen neuronale Fortsätze mit Neurotubuli und Mitochondrien. Umgekehrt ist das Auftreten von „Vacuolen" zuweilen mit anderen Hinweisen auf einen beeinträchtigten Erhaltungszustand verbunden; im Cytoplasma von Epithelzellen vorkommende Hohlräume lassen sich aufgrund vorhandener Cristastrukturen als gequollene Mitochondrien identifizieren.

Eine „Verlagerung der äußeren Pfeilerzelle nach lateral" (Weibel, 1957) oder eine „Wanderung der inneren Pfeilerzelle nach medial und der äußeren Pfeilerzelle nach lateral" (Wada, 1923) ist nach unseren Untersuchungen beim Meerschweinchen so gut wie ausgeschlossen: Am Boden des inneren Tunnels geben die beiden Pfeilerzellen im infranucleären Bereich ihren engen Kontakt nie auf. Beim Breitenwachstum der Basialplatte wird das Auseinanderweichen der mittleren langgestreckten Abschnitte der beiden Pfeilerzellen (zum inneren Tunnel) von einer Verbreiterung ihrer Basis begleitet.

Die Herkunft der Corti-Lymphe ist bisher nicht geklärt. Nach van der Stricht (1919) soll sie von den Pfeilerzellen sezerniert werden. Weibel (1957) meint, im vacuolären Aspekt des Cytoplasmas dieser Zellen einen Hinweis auf eine solche Herkunft der Corti-Lymphe sehen zu dürfen. (Nach dem oben Ausgeführten kann dieses Argument nicht aufrechterhalten werden.)

Kley (1951) und Svane-Knudsen (1958) folgern aus Markierungsexperimenten mit Eisenteilchen und mit Vitalfarbstoffen, die, in die Cisterna cerebello- medullaris injiziert, durch den Meatus acusticus internus entlang dem Hörnerven bis in den Modiolus und sogar bis in die Haarzellen des Cortischen Organs verfolgt werden können, eine Herkunft der Corti-Lymphe aus dem Liquor cerebrospinalis. Nach Smith (1954, 1957) soll die Corti-Lymphe aus dem Blutplasma des Vas spirale stammen, während Engström und Hjorth (1950) und Engström

(1960) die Ansicht vertreten, daß die Hensenschen Zellen Endolymphe resorbieren und Corti-Lymphe absondern.

Churchill *et al.* (1956) und Schuknecht *et al.* (1959) beschreiben im Limbus spiralis die Canaliculi perforantes, die den Perilymphraum der Scala tympani mit dem Corti-Lymphraum verbinden; die Autoren entwickeln als erste den Gedanken, daß die Corti-Lymphe aus der Perilymphe herstammen könne. Die Zusammensetzung der Corti-Lymphe (hoher Natrium- und geringer Kaliumgehalt) ist tatsächlich der der Perilymphe sehr ähnlich, während die Endolymphe einen hohen Kalium- und geringen Natriumgehalt aufweist (Rauch, 1964). Von Ilberg (1968) findet nach Thorotrastinjektion in die Perilymphe der Scala tympani die Partikel (40 Å) nach 30–60 min sowohl in der Corti-Lymphe als auch in den Epithelzellen des Cortischen Organs, jedoch nicht in der Endolymphe des Ductus cochlearis. Der Autor schließt daraus, daß der Weg des Markierungsstoffes von der Perilymphe der Scala tympani in die Corti-Lymphe nicht ausschließlich über die Canaliculi perforantes, sondern außerdem durch Passage der Basilarmembran vonstatten gehe. Daß diesem Weg von der Epithelseite des Cortischen Organs kein Hindernis entgegensteht, wird aus unserem Befund von breiten interzellulären Räumen an der Epithelbasis deutlich (vgl. S. 75).

Von den Pfeilerzellen ausgehende Mikrovilli, die in frühen Stadien in den inneren Tunnel und den Nuelschen Raum ragen, werden auch von Kikuchi und Hilding (1965) bei der Maus beobachtet. Diese zahlreichen Mikrovilli könnten als Einrichtung für Resorptionsvorgänge am lateralen Plasmalemm der Pfeilerzellen aufgefaßt werden; bekanntlich ist das Cortische Organ frei von Blutgefäßen und seine unmittelbare Umgebung nur äußerst dürftig vascularisiert (Naumann *et al.*, 1958; Bairati und Iurato, 1964). So ist es gar nicht anders zu denken, als daß die Zellen des Cortischen Organs ihre Nährstoffe aus einer an sie angrenzenden Flüssigkeit, der Corti- bzw. der Endolymphe, aufnehmen.

Vorläufig nicht zu klären ist die funktionelle Bedeutung der Desmosomen, die auf frühen Stadien der Bildung des inneren Tunnels in großer Zahl auftreten, um die Plasmalemmata der beiden Pfeilerzellen apikal fest miteinander zu verbinden, und erst bei der fortschreitenden Tunneleröffnung allmählich rückgebildet werden.

Vor Beginn und während der Eröffnung der Corti-Lymphräume finden wir im Cytoplasma der Stützzellen, besonders der Pfeilerzellen, Glykogen eingelagert, das nach der vollständigen Entwicklung dieser intraepithelialen Hohlräume schwindet. Denselben Befund hat Chodynicki (1968), gleichfalls beim Meerschweinchen, mit histochemischen Methoden erhoben. Wir nehmen an, daß das Glykogen bei den Umbauvorgängen, die zur Bildung der Corti-Lymphräume führen, als Energiequelle verbraucht wird (vgl. S. 77). Chodynicki schreibt dem Glykogen, das ja auch zeitweise im Cytoplasma der Haarzellen gefunden wird (vgl. S. 72), eine trophische Funktion während der Differenzierungsprozesse im Cortischen Organ zu; er vermutet darüber hinaus, daß es bei Beginn der Hörfunktion im Energiestoffwechsel verbraucht werde. Nach Falbe-Hansen (1967) wird im Innenohr Glykogen aus Bausteinen von Eiweißkörpern synthetisiert; damit erklärt der Autor den rasch wechselnden Glykogengehalt der Epithelzellen der Basalplatte.

Am 50. Entwicklungstag sind die Corti-Lymphräume auch in der 4. Windung weitgehend eröffnet. Dieses Entwicklungsstadium entspricht einer Scheitel-Steiß-Länge der Feten von ca. 80 mm (vgl. Tabelle 1). Nach elektrophysiologischen

Untersuchungen von Chodynicki (1968) sind bei Meerschweinchenfeten dieser Länge erstmals cochleäre Mikrophonpotentiale ableitbar. Diese zeitliche Koincidenz ist sehr auffallend.

Nachdem Sinneshaare sowie afferente und efferente Synapsen voll ausgeprägt sind, bildet in der Kette von Differenzierungsschritten bei der Entwicklung des Cortischen Organs die Eröffnung der Corti-Lymphräume das letzte Glied, um die Aufnahme der spezifischen Funktion zu ermöglichen. Zunächst spricht das Cortische Organ nur auf einen sehr schmalen Frequenzbereich an, der erst in der Folge allmählich größer wird (Chodynicki, 1968). Diese Beobachtung könnte mit dem Abschluß der Eröffnung in Zusammenhang gebracht werden.

Die vorstehend dargelegte Hypothese findet eine Stütze in kombinierten morphologischen und physiologischen Untersuchungen über den Beginn der Hörfunktion bei anderen Species. Beim Opossum trifft die Eröffnung der Corti-Lymphräume mit dem Beginn der Funktionsfähigkeit des Gehörorgans gleichfalls zeitlich zusammen, dort allerdings erst am 48. Tag der postnatalen Entwicklung im Brutbeutel der Mutter (Larsell *et al.*, 1935, 1944; McCrady *et al.*, 1937, 1940). Auch bei der Ratte wird erst nach Eröffnung des inneren Tunnels in allen Windungen der Preyersche Ohrmuschelreflex (Zucken der Ohrmuschel auf akustisches Signal) am 10.–12. Lebenstag erstmals nachweisbar (Wada, 1923).

Dagegen ist bei der Maus auch nach der vollständigen Eröffnung der Corti-Lymphräume (am 6. Lebenstag nach Kikuchi und Hilding, 1965) elektrophysiologisch noch keine Funktionsfähigkeit nachweisbar (Alford und Ruben, 1963; Mikaelian und Ruben, 1965). Doch laufen bei dieser Species die erforderlichen Entwicklungsschritte in etwas anderer Reihenfolge ab: Hier stellt das Auftreten der efferenten Synapsen (am 11. Lebenstag nach Kikuchi und Hilding, 1965) den letzten Entwicklungsschritt und damit die Voraussetzung für die Funktionsaufnahme dar (Alford und Ruben, 1963).

4. Die Differenzierung der Basilarmembran

Die Basilarmembran ist medial in der Lamina spiralis ossea, lateral über das Ligamentum spirale im Periost der Schneckenkapsel verankert. Sie besteht aus zwei unterschiedlich gebauten Abschnitten: Die medial gelegene Pars tecta oder arcuata liegt unter dem inneren Tunnel und geht unter der äußeren Pfeilerzelle in die lateral gelegene Pars pectinata über (Engström, 1955; Iurato, 1962; Spoendlin, 1966). Beide Abschnitte grenzen mit einer schmalen fibrillenfreien Schicht (ca. 20 nm), die der Basallamina entspricht, gegen das Epithel.

Bei der Geburt (und bis zum Alter von 6 Wochen) gliedern sich die Schichten (vom Cortischen Organ basalwärts wie folgt (wobei die Maße für die Basalwindung angegeben werden:

1. Pars tecta (ca. 3,6 μm)
   a) Basallamina (ca. 20 nm)
   b) Schicht aus Grundsubstanz und eingelagerten Fibrillen (ca. 1,6 μm)
   c) Fibrillenfreie Schicht aus Grundsubstanz (ca. 2 μm)
2. Pars pectinata (ca. 5,2 μm)
   a) Basallamina (ca. 20 nm)
   b) Schicht aus Grundsubstanz und eingelagerten Fibrillen (ca. 0,6 μm)

c) Fibrillenfreie Schicht aus Grundsubstanz mit einzelnen eingelagerten platten Mesenchymzellen (ca. 2,5 μm)

d) Schicht aus Grundsubstanz und eingelagerten Fibrillen (ca. 0,9 μm)

e) Fibrillen- und zellfreie Schicht aus Grundsubstanz (ca. 1,2 μm)

Basal liegt beiden Abschnitten der Basilarmembran die aus mesenchymalen Zellen bestehende tympanale Belegschicht an, die den Perilymphraum der Scala tympani auskleidet und das Vas spirale enthält.

Auf frühen Stadien ist die Basilarmembran sehr dünn (am 36. Entwicklungstag in der 4. Windung 0,5–0,7 μm) und noch nicht in die beiden Abschnitte gegliedert. Ihre fibrillenfreie Schicht (von ca. 20 nm) ist bereits vorhanden. Dieses Maß scheint bei allen untersuchten Species gleich zu sein (Iurato, 1962: Ratte; Spoendlin, 1966: Katze).

Am 37. Entwicklungstag (3. Windung) ist die Pars pectinata zunächst noch weit lateral unter den künftigen Claudiusschen und Hensenschen Zellen von der Pars tecta abgegrenzt; in die Basilarmembran sind jetzt erstmals platte Mesenchymzellen eingelagert (2 c), wodurch sie stellenweise auf ca. 3 μm verdickt wird. Auch die Pars tecta ist dicker geworden (ca. 0,9 μm); ihre Dicke nimmt bis zum 48. Entwicklungstag auf ca. 1,6 μm und dann bis zum 58. Entwicklungstag (vor allem durch Verdickung von 1 c) weiter auf ihr endgültiges Maß von ca. 3,6 μm (in der Basalwindung) zu. Schneckenspitzenwärts wird die Pars tecta dünner (ca. 1,8 μm in der 2., ca. 1,6 μm in der 3. Windung).

Während der fortschreitenden Fetalentwicklung verschiebt sich die Grenze zwischen den beiden Abschnitten der Basilarmembran medialwärts: Mesenchymzellen der tympanalen Belegschicht schieben sich unter den Deitersschen Zellen zwischen die Fibrillen der Basilarmembran (Abb. 18b). Am 58. Entwicklungstag hat die Pars pectinata ihre endgültige mediale Grenze unter der äußeren Pfeilerzelle und gleichzeitig ihre endgültige Dicke erreicht. Wie die Pars tecta ist auch die Pars pectinata in der Basalwindung am dicksten (ca. 5,2 μm); im Gegensatz zu dieser wird sie jedoch schneckenspitzenwärts nicht kontinuierlich dünner: sie mißt in der 2. Windung nur ca. 3 μm, in der 3. Windung dagegen ca. 5 μm. Dieser Sachverhalt, für den wir vorläufig keine Erklärung haben, wird auch von Iurato (1962) bei der Ratte beschrieben: auch bei dieser Species nimmt die Dicke der Pars tecta schneckenspitzenwärts kontinuierlich ab, während die Pars pectinata sowohl während der postnatalen Entwicklung als auch bei adulten Tieren in der 2. Windung ihre größte Dicke aufweist.

Die feinstrukturellen linearen Elemente der Basilarmembran nennen wir mit der Mehrzahl der Autoren Fibrillen, ohne die Berechtigung der von Iurato (1962) angewandten Bezeichnung Filamente bestreiten zu wollen. Für die elektronenmikroskopisch sichtbaren Fibrillen der Basilarmembran werden zwar unterschiedliche Dickenmaße angegeben, doch liegen die Werte immerhin in der gleichen Größenordnung: bei der Katze ca. 50 Å (Spoendlin, 1966), bei der Ratte 85—105 Å (Iurato, 1962), beim Meerschweinchen in der Pars tecta 80 Å (Spoendlin, 1957). Wir stellen das gleiche Kaliber der Fibrillen (ca. 80 Å) in beiden Abschnitten fest. Im Gegensatz dazu mißt Engström (1955) in der Pars pectinata beim Meerschweinchen eine Fibrillenstärke von ca. 300 Å. Zu der Frage, ob die Fibrillenstärke mit dem Alter adulter Tiere zunimmt, können wir nicht Stellung nehmen. Iurato (1962) schließt bei der Ratte aus diffraktographischen, polarisationsoptischen und chemischen Befunden, daß die Fibrillen der Basilarmembran aus Proteinen bestehen, die er der Keratin-Myosin-Epidermin-Fibrinogen-Gruppe zuordnet.

Wir finden auch bei vier bis sechs Wochen alten Meerschweinchen noch platte Zellen in der Pars pectinata, während Iurato (1962) solche Zellen bei der Ratte nach Abschluß der postnatalen Entwicklung vermißt. Wir teilen die Ansicht von Iurato, daß es sich bei ihnen nach Form und Lokalisation um Mesenchymzellen handeln muß, die von der tympanalen Belegschicht herstammen. Diese Zellen schieben sich zwischen die Fibrillen der Basilarmembran ein und teilen damit diese in zwei Schichten; dabei verschiebt sich die Grenze der Pars pectinata zur Pars tecta zunehmend medialwärts bis unter die äußere Pfeilerzelle. Die Funktion der in die Pars pectinata eingelagerten Zellen ist noch unklar.

Zusammenfassung

Die Entwicklung des Cortischen Organs aus dem undifferenzierten Epithel der Basalplatte des Ductus cochlearis wird an genau datierten Meerschweinchenfeten licht- und elektronenmikroskopisch untersucht. Alle Entwicklungsvorgänge beginnen an der Schneckenbasis und schreiten innerhalb mehrerer Tage zur Spitze fort. Der Zeitpunkt des Auftretens der einzelnen Entwicklungsmerkmale kann individuell nicht unerheblich variieren.

Die Zelldifferenzierung beginnt an den künftigen *Sinneszellen* (eine Reihe von inneren und drei Reihen von äußeren Haarzellen), und zwar gleichzeitig am apikalen und basalen Pol. Am apikalen *Receptorpol* entstehen Sinneshaare und eine opake Kopfplatte. Die Sinneshaare entwickeln sich aus Cytoplasmaausstülpungen, die das Aussehen von Mikrovilli haben, durch Längen- und Dickenwachstum und Ausbildung einer elektronendichten Wurzel, die sie in der Kopfplatte verankert. Die Kopfplatte wird zunehmend elektronendichter und grenzt sich deutlich vom übrigen apikalen Cytoplasma ab. Am basalen Pol entstehen zwei Arten von synaptischen Kontakten mit neuronalen Endigungen: 1. *afferente Synapsen* zwischen Sinneszelle und peripheren Fortsätzen von bipolaren Ganglienzellen des Ganglion spirale cochleae (1. Neuron der Hörbahn) und 2. *efferente Synapsen* von Endigungen des olivo-cochleären Bündels an der Sinneszelle. Die Differenzierung der afferenten Synapsen beginnt kurz vor derjenigen der efferenten: Die prä- und postsynaptische Membran werden verdickt; zusätzlich entstehen im präsynaptischen Cytoplasma der Sinneszelle elektronendichte, von hellen Bläschen (Durchmesser 33–40 nm) umgebene Synapsenstäbchen. Als Vorstufen der Synapsenstäbchen finden sich regelmäßig kernhaltige Vesikel (Durchmesser ca. 75 nm), die nach Abschluß der Ausbildung der Synapsenstäbchen verschwinden. Die efferenten Synapsen zeigen keine Verdickungen der synaptischen Membranen, jedoch Bläschenanhäufungen (Durchmesser 33–40 nm) an der präsynaptischen Membran der neuronalen Endigung und subsynaptische Cisternen im postsynaptischen Cytoplasma der Sinneszelle. Zunächst übertreffen die afferenten Synapsen die efferenten an Ausdehnung und Zahl; erst gegen Ende der Fetalentwicklung kehrt sich dieses Verhältnis um.

Ferner entstehen im Cytoplasma der Sinneszellen spezifische Cisternensysteme: Glattwandige Cisternen entlang dem lateralen Plasmalemm finden sich vorwiegend in den äußeren Haarzellen. Konzentrisch geschichtete, glattwandige

Cisternen im subapikalen Cytoplasma treten ausschließlich in den äußeren Haarzellen auf; für diese wird die Herkunft vom granulären endoplasmatischen
Reticulum nachgewiesen.

Wenige Tage später als an den Sinneszellen werden an den künftigen *Stützzellen* die ersten Differenzierungsschritte beobachtet. Im Cytoplasma der Pfeilerzellen und der äußeren Phalangenzellen (Deiters) treten längsorientierte Mikrotubuli auf. Vorübergehend werden die Mikrovilli an der freien Oberfläche der
inneren Stützzellen zahlreicher und höher und stehen in engem Kontakt mit den
Filamenten der Membrana tectoria. In der Folge nehmen die verschiedenen Arten
von Stützzellen ihre charakteristische Gestalt an; für kurze Zeit werden Lipide
eingelagert, die nur bei den Hensenschen Zellen persistieren. Erst am Ende der
Fetalentwicklung werden im basalen Cytoplasma der Pfeiler- und der Deitersschen
Zellen opake Bezirke wahrnehmbar; in den Pfeilerzellen entstehen elektronendichte Kopfplatten.

Die *Corti-Lymphräume* entstehen während des Breitenwachstums der Basialplatte durch partielles Auseinanderweichen der Plasmalemmata der entsprechenden Stütz- bzw. Sinneszellen. Lichtmikroskopisch vorwiegend in Nähe der inneren
Haarzelle beobachtete „vacuolenartige Aufhellungen" stehen nicht, wie von
manchen Autoren behauptet, mit der Entstehung der Corti-Lymphräume in
Zusammenhang, sondern erweisen sich elektronenoptisch einwandfrei als artifiziell
veränderte neuronale Fortsätze.

In das Cytoplasma der Sinnes- und Stützzellen ist vorübergehend Glykogen
eingelagert; dieser Befund ist besonders auffallend an den Pfeilerzellen während
der Eröffnung der Corti-Lymphräume, an den inneren Stützzellen kurz vor der
Einsenkung des Sulcus spiralis internus und an den Sinneszellen kurz vor der
Funktionsaufnahme. Die Glykogendepots werden als Energiespeicher für die
genannten wesentlichen Prozesse aufgefaßt, da sie anschließend verschwinden.

Mit der vollständigen Eröffnung der Corti-Lymphräume wird beim Meerschweinchen der letzte entscheidende Differenzierungsschritt vollzogen; zu dieser
Zeit können frühestens cochleäre Mikrophonpotentiale abgeleitet werden
(Chodynicki, 1968). Offensichtlich ist die vollständige Ausbildung der morphologischen Strukturen des Cortischen Organs für den Beginn der Hörfunktion
unbedingte Voranssetzung.

In die zunächst dünne und einheitliche Anlage der *Basilarmembran* wachsen
frühzeitig aus der tympanalen Belegschicht stammende Mesenchymzellen ein,
die allmählich nach medial bis unter die äußere Pfeilerzelle vordringen (Pars
pectinata); die medial gelegene Pars tecta bleibt zellfrei. Beide Anteile der
Basilarmembran nehmen gegen Ende der Fetalentwicklung an Dicke zu.

Summary

The development of the organ of Corti from the undifferentiated epithelium
of the papilla basilaris of the cochlear duct was investigated by light and electron
microscopy in exactly datable guinea pig fetuses. Each developmental process
begins at the basis of the cochlea and within several days proceeds to the apex.
There is a considerable degree of individual variation in the time of onset of the
different developmental characteristics.

In the prospective *sensory cells* (one row of inner and three rows of outer hair cells) the cytodifferentiation begins synchronously at the apical and basal pole. At the apical receptor pole sensory hairs and an opaque cuticular plate originate. The sensory hairs derive from cytoplasmic extensions resembling microvilli; while growing in longitudinal direction and increasing in diameter an electron dense rootlet is formed. The sensory hair is anchored by the rootlet within the cuticular plate. The electron density of the cuticular plate increases. The cuticular plate becomes delineated from the remainder of the apical cytoplasm. At the basal pole two kinds of synaptic contacts with neuronal terminals arise: 1. *afferent synapses* between sensory cell and peripheral processes of bipolar nerve cells of the spiral ganglion of the cochlea (first auditory neuron) and 2. *efferent synapses* of the terminals of the olivo-cochlear bundle to the sensory cell. The differentiation of the afferent synapses starts shortly before that of the efferent synapses: The pre- and postsynaptic membrane increase in thickness; furthermore in the presynaptic cytoplasm of the sensory cell electron dense synaptic bars (synaptic ribbons) arise which are surrounded by clear vesicles (diameter 33–40 nm). Regularly, dense core vesicles (diameter 75 nm) are found before the synaptic bars develop; they disappear after the synaptic bars are formed. The efferent synapses exhibit no thickening of the synaptic membranes, but accumulation of vesicles (diameter 33–40 nm) at the presynaptic membrane of the neuronal terminal and subsynaptic cisternae in the postsynaptic cytoplasm of the sensory cell. In the early period size and number of the afferent synapses are higher than of the efferent synapses; this ratio is reversed towards the end of the fetal period.

In addition, in the cytoplasm of the sensory cells specific systems of cisternae arise: smooth-surfaced cisternae accompanying the lateral plasmalemm are preferentially found in the outer hair cells. Subapically located, concentrically lamellated smooth-surfaced cisternae are found exclusively in the outer hair cells; there is evidence that they originate from the rough endoplasmic reticulum.

The first steps of differentiation of the prospective *supporting cells* are observed some days later than in the sensory cells. In the cytoplasm of the pillar cells and the Deiters' cells longitudinally oriented microtubules are found. Intermittently, the microvilli at the free surface of the inner supporting cells increase in number and length; they have close contact to the filaments of the tectorial membrane. Subsequently the various kinds of supporting cells develop to their characteristic forms. During a short period lipids are stored; this deposition persists only in the Hensen cells. Late in the fetal development opaque areas are observed in the basal cytoplasm of the pillar cells and the Deiters' cells. In the pillar cells electron dense cuticular plates arise.

The intraepithelial spaces arise during the lateral enlargement of the papilla basilaris by partial widening of the spaces between the plasmalemmata of the corresponding supporting or sensory cells, respectively. Clear "vacuolar formations" which have been observed by light microscopy particularly near the inner hair cell are not related to the development of the intraepithelial spaces as was stated by some authors; at the electron microscopic level they are identified as artificially altered neuronal processes.

In the cytoplasm of the sensory and supporting cells a transitory deposition of glycogen occurs; this process is found particularly in the pillar cells during the opening of the intraepithelial spaces, in the inner supporting cells shortly before the sulcus spiralis internus is formed by downward extension, and in the sensory cells shortly before they begin to function. We interpret the glycogen deposits as energy reservoirs for these essential processes, because they disappear afterwards.

The complete opening of the intraepithelial spaces is the last important developmental step in the guinea pig; this was the earliest phase of recording cochlear microphonic potentials (Chodynicki, 1968). It appears that the morphogenesis of the organ of Corti has to be completed as a prerequisite for the onset of the auditory function.

From the tympanic border cells mesenchymal cells migrate in the thin and uniform anlage of the basilar membrane. They penetrate medially underneath the outer pillar cell (pars pectinata). The medially located pars tecta remains free of cells. Both divisions of the basilar membrane increase in thickness towards the end of fetal development.

Anmerkung. Für wertvolle Anregungen und Diskussionen danke ich Herrn Prof. Dr. med. R. Bachmann, Herrn Prof. Dr. med. R. Wetzstein und Herrn Prof. Dr. med. H. Rudert. Frau Dipl.-Phys. I. Schinko danke ich sehr herzlich für ihre Mitarbeit, besonders zur Gewinnung der zahlreichen elektronenmikroskopischen Aufnahmen. Für wertvolle technische Unterstützung danke ich Frau H. Asam und Frau B. Reÿerman, für die Zeichnung des Schemas (Abb. 1) Herrn S. Nüssel.

Literatur

Änggård, L.: An electrophysiological study of the development of cochlear functions in the rabbit. Acta oto-laryng. (Stockh.), Suppl. **203**, 1–64 (1965)

Alford, B. R., Ruben, R. J.: Physiological, behavioural and anatomical correlates of the development of hearing in the mouse. Ann. Otol. (St. Louis) **72**, 237–247 (1963)

Anson, B. J.: The early development of the membranous labyrinth in mammalian embryos, with special reference to the endolymphatic duct and the utriculo-endolymphatic duct. Anat. Rec. **59**, 15–25 (1934)

Arstila, A. U., Hopsu, V. K.: Studies on the rat pineal gland. I. Ultrastructure. Ann. Acad. Sci. fenn., Ser. A, **113**, 1–21 (1964)

Bairati, A., Iurato, S.: Grundlagen. II. Morphologische Aspekte. In: Rauch, S.: Biochemie des Hörorgans. S. 14–37. Stuttgart: Thieme 1964

Bartelmez, G. W.: The origin of the otic and optic primordia in man. J. comp. Neurol. **34**, 201–232 (1922)

Bélanger, L. F.: Observations on the development, structure and composition of the cochlea of the rat. Ann. Otol. (St. Louis) **65**, 1060–1073 (1956)

Bodechtel, G.: Vergleichende entwicklungsgeschichtliche Untersuchungen am Labyrinthorgan der Wirbeltiere. Z. Anat. Entwickl.-Gesch. **92**, 492–532 (1930)

Boettcher, A.: Über Entwicklung und Bau des Gehörlabyrinths nach Untersuchungen an Säugetieren. Verh. Kais. Leop. Carol. Akad. **35**, V, 1–203 (1870)

Boschek, C. B.: On the structure and synaptic organization of the first optic ganglion in the fly. Z. Naturforsch. **25b**, 560 (1970)

Bosher, S. K.: Neonatal changes in the endolymph and their possible relationship to perinatal deafness. Acta oto-laryng. (Stockh.) **73**, 203–211 (1972)

Bosher, S. K., Warren, R. L.: A study of the electrochemistry and osmotic relationships of the cochlear fluids in the neonatal rat at the time of the development of the endocochlear potential. J. Physiol. (Lond.) **212**, 739–761 (1971)

Brachet, J.: Biochemia rozwoju. Pánstw. Wyd. Nauk., Warszawa (1964). Zit. n. Chodynicki, S. (1968)

Bredberg, G.: Cellular pattern and nerve supply of the human organ of Corti. Acta oto-laryng. (Stockh.), Suppl. **236**, 1–135 (1968)

Breemen, V. L. van, Anderson, E., Reger, J. F.: An attempt to determine the origin of synaptic vesicles. Exp. Cell Res., Suppl. 5, 153–167 (1958)

Brument, N., Pujol, R., Sans, A., Marty, R.: Maturation épithéliale des récepteurs dans l'oreille interne du chat. C. R. Soc. Biol. (Paris) 163, 688–692 (1969)

Chodynicki, S.: Embryogenesis of the auditory part of the inner ear in the guinea pig. Acta theriologica 13, 219–260 (1968)

Churchill, J. A., Schuknecht, H. F., Doran, R.: Acetylcholinesterase activity in the cochlea. Laryngoscope (St. Louis) 66, 1–5 (1956)

Cohen, A. I.: The fine structure of the visual receptors of the pigeon. Exp. Eye Res. 2, 88–97 (1963)

Corti, A.: Recherches sur l'organe de l'ouïe des mammifères. Z. wiss. Zool. 3, 109–169 (1851)

Davis, H.: Initiation of nerve impulses in the cochlea and other mechanoreceptors. In: Bullock, T. H.: Physiological triggers and discontinuous rate processes. Amer. physiol. Soc. (1956)

Deol, M. S.: Anatomy and development of mutants Pirouette, Shaher-1, and Waltzer in the mouse. Proc. Roy. Soc. (Biol.) 145, 206–213 (1956)

Deol, M. S.: Development of the inner ear of mice homozygous for Shaker with syndactylism. J. Embryol. Exp. Morph. 11, 493–512 (1963)

Deol, M. S.: Abnormalities of the inner ear in the Kreisler mouse. J. Embryol. Exp. Morph. 12, 475–490 (1964)

Deol, M. S.: Origin of abnormalities of the inner ear in Dreher mice. J. Embryol. Exp. Morph. 12, 727–733 (1964)

De Robertis, E. D. P., Bennett, H. St.: Some features of the submicroscopic morphology of synapses in frog and earthworm. J. biophys. biochem. Cytol. 1, 47–58 (1955)

De Robertis, E., Franchi, C. M.: Electron microscope observations on synaptic vesicles in synapses of the retinal rods and cones. J. biophys. biochem. Cytol. 2, 307–318 (1956)

De Robertis, E., Pellegrino De Iraldi, A., Rodriguez, G., Gomez, C. J.: On the isolation of nerve endings and synaptic vesicles. J. biophys. biochem. Cytol. 9, 229–235 (1961)

Draper, R. L.: The prenatal growth of the guinea-pig. Anat. Rec. 18, 369–392 (1920)

Duvall, A. J., 3rd, Flock, Å., Wersäll, J.: The ultrastructure of the sensory hairs and associated organelles of the cochlear inner hair cell, with reference to directional sensitivity. J. Cell Biol. 29, 497–505 (1966)

Ebner, V. von: Vom Gehörorgane. In: Koelliker, A.: Handb. d. Gewebelehre des Menschen, Bd. 3. S. 889–960. Leipzig: W. Engelmann 1899

Engström, H.: Morphological studies on the possible origin of cochlear microphonics. Rev. Laryng. 76, 808–816 (1955)

Engström, H.: The structure of the basilar membrane. Acta oto-rhino-laryng. belg. 9, 531–536 (1955)

Engström, H.: On the double innervation of the sensory epithelia of the inner ear. Acta oto-laryng. (Stockh.) 49, 109–118 (1958)

Engström, H.: The Cortilymph, the third lymph of the inner ear. Acta morph. neerl.-scand. 3, 195–204 (1960)

Engström, H., Ades, H. W.: Effect of high intensity noise on inner ear sensory epithelia. Acta oto-laryng. (Stockh.), Suppl. 158, 219–229 (1960)

Engström, H., Ades, H. W., Hawkins, J. E., jr.: Structure and functions of the sensory hairs of the inner ear. J. acoust. Soc. Amer. 34, 1356–1362 (1962)

Engström, H., Ades, H. W., Hawkins, J. E., jr.: The vestibular sensory cells and their innervation. Symp. Biol. Hung. 5, 21–41 (1965)

Engström, H., Hjorth, S.: On the distribution and localization of injected dyes in the labyrinth of the guinea pig. Acta oto-laryng. (Stockh.), Suppl. 94, 149–158 (1950)

Engström, H., Wersäll, J.: Is there a special nutritive cellular system around the hair cells in the organ of Corti? Ann. Otol. (St. Louis) 62, 507–512 (1953)

Engström, H., Wersäll, J.: Structure of the organ of Corti. 1. Outer hair cells. Acta oto-laryng. (Stockh.) 43, 1–10 (1953)

Engström, H., Wersäll, J.: Structure of the organ of Corti. 2. Supporting structures and their relations to sensory cells and nerve endings. Acta oto-laryng. (Stockh.) 43, 323–334 (1953)

Estable-Puig, J. F., Bauer, W. C., Blumberg, J. M.: Technical note. Paraphenylenediamine staining of osmium-fixed, plastic-embedded tissue for light and phase microscopy. J. Neuropath. exp. Neurol. 24, 531–535 (1965)

Falbe-Hansen, J.: On glycogen in the cochlear duct of foetuses and young of albino rats. Acta oto-laryng. (Stockh.) 63, 340–346 (1967)

Fell, H. B.: The development in vitro of the isolated otocyst of the embryonic fowl. Arch. exp. Zellforsch. 7, 69–81 (1928)

Fine, B. S.: Synaptic lamellas in the human retina: an electron microscopic study. J. Neuropath. exp. Neurol. 22, 255–262 (1962)

Flock, Å.: Structure of the macula utriculi with special reference to directional interplay of sensory responses as revealed by morphological polarization. J. Cell Biol. 22, 413–431 (1964)

Flock, Å., Kimura, R., Lundquist, P. G., Wersäll, J.: Morphological basis of directional sensitivity of the outer hair cells in the organ of Corti. J. acoust. Soc. Amer., Suppl. 34, 1351–1355 (1962)

Foos, R. Y., Miyamasu, W., Yamada, E.: Tridimensional study of an anomalous synaptic ribbon. J. Ultrastruct. Res. 26, 391–398 (1969)

Friedmann, I.: In vitro culture of the isolated otocyst of the embryonic fowl. Ann. Otol. (St. Louis) 65, 98–103 (1956)

Friedmann, I.: Electron microscope observations on in vitro cultures of the isolated fowl embryo otocyst. J. biophys. biochem. Cytol. 5, 263–268 (1959)

Friedmann, I.: The ultrastructural organization of sensory epithelium in the developing fowl embryo otocyst. J. Laryng. 73, 779–794 (1959)

Friedmann, I.: Attachment zones of cells in organ cultures of the isolated fowl embryo otocyst. J. Ultrastruct. Res. 5, 44–50 (1961)

Friedmann, I.: The cytology of the ear. Brit. med. Bull. 18, 209–213 (1962)

Friedmann, I.: The ear. In: Willmer, E. N.: Cells and tissues in culture. Methods, biology and physiology, Vol. 2. p. 521–547. London, New York: Academic Press 1965

Friedmann, I.: The chick embryo otocyst in tissue culture: a model ear. J. Laryng. 82, 185–201 (1968)

Friedmann, I.: The innervation of the developing fowl embryo otocyst in vivo and in vitro. Acta oto-laryng. (Stockh.) 67, 224–238 (1969)

Friedmann, I.: The effect of sodium cyanide on the chick embryo otocyst in vitro. A tissue culture study. Rep. Inst. Laryng. Otol. (Lond.) 20, 305–314 (1972)

Friedmann, I., Bird, E. S.: The effect of ototoxic antibiotics and of penicillin on the sensory areas of the isolated fowl embryo otocyst in organ cultures: an electron-microscope study. J. Path. Bact. 81, 81–90 (1961)

Friedmann, I., Bird, E. S.: Electron microscopic studies of the isolated fowl embryo otocyst in tissue culture. Rudimentary kinocilia, cup-shaped nerve endings and synaptic bars. J. Ultrastruct. Res. 20, 356–365 (1967)

Friedmann, I., Fraser, G. R., Froggatt, P.: Pathology of the ear in the cardio-auditory syndrome of Jervell and Lange-Nielsen (recessive deafness with electro-radiographic abnormalities). J. Laryng. 80, 451–470 (1966)

Friedmann, I., Fraser, G. R., Froggatt, P.: Pathology of the ear in the cardio-auditory syndrome of Jervell and Lange-Nielsen; report of a third case with an appendix on possible linkage with the Rh blood group locus. J. Laryng. 82, 883–896 (1968)

Gottstein, J.: Über den feineren Bau und die Entwicklung der Gehörschnecke beim Menschen und den Säugetieren. Bonn 1871

Gottstein, J.: Über den feineren Bau und die Entwicklung der Gehörschnecke der Säugetiere und des Menschen. Arch. mikr. Anat. 8, 145–199 (1872)

Gray, E. G., Whittaker, V. P.: The isolation of nerve endings from brain: an electron-microscopic study of cell fragments derived by homogenization and centrifugation. J. Anat. (London) 96, 79–88 (1962)

Grisanti, G., Restivo, S.: Considerazioni sul danno ototossico da streptomicina in gravidanza. Atti clin. oto-rino-laring. Univ. Palermo 12, 7–17 (1967)

Gruneberg, H., Hallpike, D. S., Ledoux, A.: Observations on the structure, development, and electrical reactions of the internal ear of the Shaker-1 mouse. Proc. Roy. Soc. B 129, 154–173 (1940)

Hámori, J., Horridge, G. A.: The lobster optic lamina. II. Types of synapse. J. Cell Sci. 1, 257–270 (1966)

Hardesty, I.: On the proportions, development and attachment of the tectorial membrane. Amer. J. Anat. 18, 1–73 (1915)

Held, H.: Untersuchungen über den feineren Bau des Ohrlabyrinths der Wirbeltiere. II. Zur Entwicklungsgeschichte des Cortischen Organs und der Macula acustica bei Säugern und Vögeln. Abh. Sächs. Akad. Wiss., mathem.-phys. Kl. 1909

Held, H.: Die Cochlea der Säuger und der Vögel, ihre Entwicklung und ihr Bau. In: Bethe, A., Bergmann, G. von, Embden, G., Ellinger, A.: Handb. d. norm. u. path. Physiol., Bd. 11: Receptionsorgane I. S. 467–534. Berlin: Springer 1926

Hensen, V.: Beobachtungen über die Befruchtung und Entwicklung des Kaninchens und Meerschweinchens. Z. Anat. Entwickl.-Gesch. 1, 213–273 und 353–423 (1876)

Hilding, D. A.: Electron microscopy of the developing hearing organ. Laryngoscope (St. Louis) 79, 1691–1704 (1969)

Hilding, D. A., House, W. F.: An evaluation of the ultrastructural findings in the utricle in Menière's disease. Laryngoscope (St. Louis) 74, 1135–1148 (1964)

Hopsu, V. K., Arstila, A. U.: An apparent somato-somatic synaptic structure in the pineal gland of the rat. Exp. Cell Res. 37, 484–487 (1965)

Ilberg, Ch. von: Elektronenmikroskopische Untersuchungen über Diffusion und Resorption von Thoriumdioxyd an der Meerschweinchenschnecke. 4. Mitteilung. Basilarmembran und Cortisches Organ. Arch. klin. exp. Ohr.-, Nas.- u. Kehlk.-Heilk. 192, 384–400 (1968)

Ingalls, T., Kelemen, G., Curley, F.: Development of the inner ear after hypoxia. Arch. Otolaryng. 65, 558–566 (1957)

Iurato, S.: Submicroscopic structure of the membranous labyrinth. 1. The tectorial membrane. Z. Zellforsch. 52, 105–128 (1960)

Iurato, S.: Submicroscopic structure of the membranous labyrinth. 2. The epithelium of Corti's organ. Z. Zellforsch. 53, 259–298 (1961)

Iurato, S.: Submicroscopic structure of the membranous labyrinth. III. The supporting structure of Corti's organ (basilar membrane, limbus spiralis and spiral ligament). Z. Zellforsch. 56, 40–96 (1962)

Iurato, S.: Efferent fibers to the sensory cells of Corti's organ. Exp. Cell Res. 27, 162–164 (1962)

Iwai, H., Okano, Y., Saito, H.: In vitro cytological studies on the inner ear. J. oto-rhino-laryng. Soc. Jap. 70, Suppl. zu Nr. 2, 35–36 (1967)

Kaufmann, P.: Die Meerschweinchenplacenta und ihre Entwicklung. Z. Anat. Entwickl.-Gesch. 129, 83–101 (1969)

Kelly, D. E., Smith, S. W.: Fine structure of the pineal organs of the adult frog, *Rana pipiens*. J. Cell Biol. 22, 653–674 (1964)

Kikuchi, K., Hilding, D.: The development of the organ of Corti in the mouse. Acta oto-laryng. (Stockh.) 60, 207–222 (1965)

Kikuchi, K., Hilding, D. A.: The defective organ of Corti in Shaker-1 mice. Acta oto-larnyg. (Stockh.) 60, 287–303 (1965)

Kimura, R. S., Schuknecht, H. F., Sando, I.: Fine morphology of the sensory cells in the organ of Corti of man. Acta oto-laryng. (Stockh.) 58, 390–408 (1965)

Kimura, R., Wersäll, J.: Termination of the olivo-cochlear bundle in relation to the outer hair cells of the organ of Corti in guinea pig. Acta oto-laryng. (Stockh.) 55, 11–32 (1962)

Kitano, S., Yoshida, K., Iwai, H.: Tissue culture studies on the spiral ganglion and inner ear; formation of the neuro-epithelial units in vitro. J. oto-rhino-laryng. Soc. Jap. 70, Suppl. zu Nr. 2, 34–35 (1967)

Kley, E.: Über die Herkunft der Perilymphe. (Beitrag zur Physiologie des Innenohres.) Arch. Ohr.-, Nas.- u. Kehlk.-Heilk. 159, 228–232 (1951)

Kley, E.: Zur Herkunft der Perilymphe. Z. Laryng. 30, 486–502 (1951)

Koch, W., Heim, G.: Die Haltung und Zucht von Versuchstieren. Anleitung für Laboratorien. Stuttgart: Enke 1955

Koelle, G. B., Friedenwald, J. S.: A histochemical method for localizing cholinesterase activity. Proc. Soc. exp. Biol. (N.Y.) 70, 617–622 (1949)

Kolmer, W.: Gehörorgan. In: Möllendorff, W. von: Handb. d. mikr. Anat. des Menschen, Bd. 3: Haut und Sinnesorgane. S. 250–478. Berlin: Springer 1927

Ladman, A. J.: The fine structure of the rod-bipolar cell synapse in the retina of the albino rat. J. biophys. biochem. Cytol. 4, 459–466 (1958)

Larsell, O. E., McCrady, E., jr., Larsell, J. F.: The development of the organ of Corti in relation to the inception of hearing. Trans. Amer. Acad. Ophthal. Otolaryng. 48, 333–357 (1944)

Larsell, O., McCrady, E., jr., Zimmermann, A. A.: Morphology and functional development of the membranous labyrinth in the opossum. J. comp. Neurol. 63, 95–119 (1935)

Lawrence, M., Merchant, D. J.: Tissue culture techniques for the study of the isolated otic vesicle. Ann. Otol. (St. Louis) 62, 770–785 (1953)

Lim, D. J.: Three dimensional observations of the inner ear with the scanning electron microscope. Acta oto-laryng. (Stockh.), Suppl. 255, 1–38 (1969)

Lim, D. J., Lane, W. C.: Cochlear sensory epithelium; a scanning electron microscopic observation. Ann. Otol. (St. Louis) 78, 827–841 (1969)

Lindeman, H. H.: Studies on the morphology of the sensory regions of the vestibular apparatus. Ergebn. Anat. Entwickl.-Gesch. 42/1, 1–113 (1969)

Lindeman, H. H., Ades, H. W., Bredberg, G., Engström, H.: The sensory hairs and the tectorial membrane in the development of the cat's organ of Corti. A scanning electron microscopic study. Acta oto-laryng. (Stockh.) 72, 229–242 (1971)

Lovas, B.: Tubular networks in the terminal endings of the visual receptor cells in the human, the monkey, the cat and the dog. Z. Zellforsch. 121, 341–357 (1971)

Luciano, L., Reale, E.: A new cell type ("brush cell") in the gall bladder epithelium of the mouse. J. Submicr. Cytol. 1, 43–52 (1969)

Luciano, L., Reale, E., Ruska, H.: Über eine „chemorezeptive" Sinneszelle in der Trachea der Ratte. Z. Zellforsch. 85, 350–375 (1968)

Luciano, L., Reale, E., Ruska, H.: Über eine glykogenhaltige Bürstenzelle im Rectum der Ratte. Z. Zellforsch. 91, 153–158 (1968)

Luciano, L., Reale, E., Ruska, H.: Bürstenzellen im Alveolarepithel der Rattenlunge. Z. Zellforsch. 95, 198–201 (1969)

Luft, J. H.: Improvements in epoxy resin embedding methods. J. biophys. biochem. Cytol. 9, 409–414 (1961)

Marovitz, W. F., Thalmann, R., Arenberg, I. K.: Scanning electron microscopy of freeze-dried guinea pig organ of Corti. Proc. 3rd Ann. Scanning Electron Microscope Symp., Chicago, Ill., April 1970

McAlpine, J. C., Friedmann, I.: A histochemical study of the effects of ototoxic antibiotics on the isolated embryonic otocyst of the fowl (*Gallus domesticus*). J. Path. Bact. 86, 477–486 (1963)

McCrady, E., jr., Wever, E. G., Bray, C. W.: The development of hearing in the opossum. J. exp. Zool. 75, 503–515 (1937)

McCrady, E., jr., Wever, E. G., Bray, C. W.: A further investigation of the development of hearing in the opossum. J. comp. Psychol. 30, 17–21 (1940)

Mikaelian, D. O., Ruben, R. J.: Hearing degeneration in Shaker-1 mouse: Correlation of physiological observations with behavioral responses and with cochlear anatomy. Arch. Otolaryng. 80, 418–430 (1964)

Mikaelian, D., Ruben, R. J.: Development of hearing in the normal CBA-J mouse. Correlation of physiological observations with behavioral responses and with cochlear anatomy. Acta oto-laryng. (Stockh.) 59, 451–461 (1965)

Minot, C. S.: Senescence and rejuvenation. First paper: On the weight of guinea pigs. J. Physiol. 12, 97–153 (1891)

Missotten, L.: The synapses in the human retina. In: Rohen, J. W.: Eye structure, II. Symp., p. 17–28. Stuttgart: Schattauer 1965

Nakai, Y.: An electron microscopic study of the human fetus cochlea. Pract. oto-rhino-laryng. 32, 257–267 (1970)

Nakai, Y.: Fine structural localization of acetylcholinesterase in the adult and developing cochlea. Laryngoscope (St. Louis) 82, 177–188 (1972)

Nakai, Y., Hilding, D.: Cochlear development. Some electron microscopic observations of maturation of hair cells, spiral ganglion and Reissner's membrane. Acta oto-laryng. (Stockh.) 66, 369–385 (1968)

Naumann, H.-H., Günther, H., Schicker, S.: Intravital-Beobachtungen an den Gefäßen des Innenohres. Arch. Ohr.-, Nas.- u. Kehlk.-Heilk. 171, 354–360 (1958)

Oksche, A., Vaupel-von Harnack, M.: Elektronenmikroskopische Untersuchungen an der Epiphysis cerebri von *Rana esculenta* L. Z. Zellforsch. 59, 582–614 (1963)

Oksche, A., Vaupel-von Harnack, M.: Elektronenmikroskopische Untersuchungen an den Nervenbahnen des Pinealkomplexes von *Rana esculenta* L. Z. Zellforsch. 68, 389–426 (1965)

Oshiro, H., Perlman, H. B.: The distribution of nucleic acids in cochlear cells. Laryngoscope (St. Louis) 75, 44–56 (1965)

Palay, S. L.: Synapses in the central nervous system. J. biophys. biochem. Cytol., Suppl. 2, 193–202 (1956)

Palay, S. L.: The morphology of synapses in the central nervous system. Exp. Cell Res., Suppl. 5, 275–293 (1958)

Palay, S. L., Palade, G. E.: The fine structure of neurons. J. biophys. biochem. Cytol. 1, 69–88 (1955)

Petit, A.: L'épiphyse d'un serpent: *Tropidonotus natrix* L. I. Étude structurale et ultra-structurale. Z. Zellforsch. 120, 94–119 (1971)

Podvinec, S., Mihaljević, B., Orlić, M.: Action toxique de la streptomicine par diffusion transplacentaire; études expérimentales. 6. Congr. Oto-Neuro-Ophtal. yougosl. grecque 1967, 33–37

Pujol, R., Marty, R.: Structural and physiological relationships of the maturing auditory system. In: Jilek and Trojan: Ontogenesis of the brain. p. 377–385. Charles University, Prague 1968

Pujol, R., Marty, R.: Postnatal maturation in the cochlea of the cat. J. comp. Neurol. 139, 115–125 (1970)

Pytler, R., Strasser, H.: Die Vorgänge im Meerschweinchenuterus von der Inokulation des Eies bis zur Bildung des Placentardiskus. Z. Anat. Entwickl.-Gesch. 76, 386–420 (1925)

Rasmussen, G. L.: An efferent cochlear bundle. Anat. Rec. 82, 441 (1942)

Rauch, S.: Biochemie des Hörorgans. Einführung in Methoden und Ergebnisse. Stuttgart: Thieme 1964

Reinecke, J., Girgis, T. F., Allen, G. W., Shambaugh, G. E., jr.: In vitro study of the developing inner ear. Arch. Otolaryng. 72, 599–609 (1960)

Reinecke, M., Lehmann, I.: Zur Entwicklungsgeschichte der Epithelien des menschlichen Ductus cochlearis. I. Mitteilung. Phasenkontrastmikroskopische Untersuchungen (13. Embryonalwoche). Arch. klin. exp. Ohr.-, Nas.- u. Kehlk.-Heilk. 192, 280–287 (1968)

Retzius, G.: Das Gehörorgan der Wirbeltiere, I (Fische und Amphibien). Stockholm: Samson & Wallin 1881

Retzius, G.: Das Gehörorgan der Wirbeltiere, II (Reptilien, Vögel, Säugetiere). Stockholm: Samson & Wallin 1884

Reynolds, E. S.: The use of lead citrate at high pH as an electron-opaque stain in electron microscopy. J. Cell Biol. 17, 208–212 (1963)

Rodríguez Echandía, E. L.: An electron microscopic study on the cochlear innervation. I. The recepto-neural junctions at the outer hair cells. Z. Zellforsch. 78, 30–46 (1967)

Rodríguez Echandía, E. L.: An electron microscopic study on the cochlear innervation. II. The intraepithelial nerve fibers, the neuro-neural synapses and the recepto-neural junctions at the inner hair cells. Z. Zellforsch. 85, 183–195 (1968)

Romand, R.: Maturation des potentiels cochléaires dans la période périnatale chez le chat et chez le cobaye. J. Physiol. (Paris) 63, 763–782 (1971)

Romeis, B.: Mikroskopische Technik. 16. Aufl. München, Wien: Oldenbourg 1968

Rossi, G.: L'acétylcholinestérase au cours du développement de l'oreille interne du cobaye. Acta oto-laryng. (Stockh.), Suppl. 170, 1–91 (1961)

Ruben, R. J.: Development of the inner ear of the mouse: a radioautographic study of terminal mitoses. Acta oto-laryng. (Stockh.), Suppl. 220, 1–44 (1967)

Ruben, R. J.: The synthesis of DNA and RNA in the developing inner ear. Laryngoscope (St. Louis) 79, 1546–1556 (1969)

Sandeman, D. C., Mendum, C. M.: The fine structure of the central synaptic contacts on an identified Crustacean motoneuron. Z. Zellforsch. 119, 515–525 (1971)

Schmidt, R. S., Fernandez, C.: Development of mammalian endocochlear potential. J. exp. Zool. 153, 227–235 (1963)

Schuknecht, H. F., Churchill, J. A., Doran, R.: The localization of acetylcholinesterase in the cochlea. Arch. Otolaryng. 69, 549–559 (1959)

Sher, A. E.: The embryonic and postnatal development of the inner ear of the mouse. Acta oto-laryng. (Stockh.), Suppl. 285, 1–77 (1971)

Sjöstrand, F. S.: The ultrastructure of the retinal rod synapses of the guinea pig eye. J. appl. Phys. 24, 1422 (1953)

Smith, C. A.: Capillary areas of the membranous labyrinth. Ann. Otol. (St. Louis) 63, 435–447 (1954)

Smith, C. A.: Electron microscopic studies of the organ of Corti. Anat. Rec. 121, 451 (1955)

Smith, C. A.: Structure of the stria vascularis and the spiral prominence. Ann. Otol. (St. Louis) 66, 521–536 (1957)

Smith, C. A., Dempsey, E. W.: Electron microscopy of the organ of Corti. Amer. J. Anat. 100, 337–367 (1957)

Smith, C. A., Rasmussen, G. L.: Ultrastructural changes in the efferent cochlear nerve endings following transection of the olivo-cochlear bundle in the chinchilla. Anat. Rec. 145, 287 (1963)

Smith, C. A., Rasmussen, G. L.: Recent observations on the olivo-cochlear bundle. Ann. Otol. (St. Louis) 72, 489–506 (1963)

Smith, C. A., Rasmussen, G. L.: Degeneration in the efferent nerve endings in the cochlea after axonal section. J. Cell Biol. 26, 63–77 (1965)

Smith, C. A., Sjöstrand, F. S.: A synaptic structure in the hair cells of the guinea pig cochlea. J. Ultrastruct. Res. 5, 184–192 (1961)

Smith, C. A., Sjöstrand, F. S.: Structure of the nerve endings on the external hair cells of the guinea pig cochlea as studied by serial sections. J. Ultrastruct. Res. 5, 523–556 (1961)

Spoendlin, H.: Elektronenmikroskopische Untersuchungen am Corti'schen Organ des Meerschweinchens. Pract. oto-rhino-laryng. 19, 192–234 (1957)

Spoendlin, H.: Submikroskopische Veränderungen am Corti'schen Organ des Meerschweinchens nach akustischer Belastung. (Vorläufige Mitteilung.) Pract. oto-rhino-laryng. 20, 197–214 (1958)

Spoendlin, H.: Submikroskopische Organisation der Sinneselemente im Cortischen Organ des Meerscheinchens. Pract. oto-rhino-laryng. 21, 34–48 (1959)

Spoendlin, H.: Submikroskopische Strukturen im Cortischen Organ der Katze. Acta oto-laryng. (Stockh.) 52, 111–130 (1960)

Spoendlin, H. H.: Ultrastructural features of the organ of Corti in normal and acoustically stimulated animals. Ann. Otol. (St. Louis) 71, 656–677 (1962)

Spoendlin, H. H.: Organization of the sensory hairs in the gravity receptors in utricule and saccule of the squirrel monkey. Z. Zellforsch. 62, 701–716 (1964)

Spoendlin, H.: The organization of the cochlear receptor. Fortschr. Hals-Nas.-Ohrenheilk. 13, 1–227. Basel, New York: Karger 1966

Spoendlin, H.: Auditory, vestibular, olfactory and gustatory organs. In: Babel, J., Bischoff, A., Spoendlin, H.: Ultrastructure of the peripheral nervous system and sense organs. S. 173–337. Stuttgart: Thieme 1970

Spoendlin, H., Gacek, R. R.: Electronmicroscopic study of the efferent and afferent innervation of the organ of Corti in the cat. Ann. Otol. (St. Louis) 72, 660–686 (1963)

Stelzner, D. J.: The relationship between synaptic vesicles, Golgi apparatus, and smooth endoplasmic reticulum: A developmental study using the zinc iodide-osmium technique. Z. Zellforsch. 120, 332–345 (1971)

Stockard, Ch. R., Papanicolaou, G. N.: The existence of a typical oestrous cycle in the guinea-pig—with a study of its histological and physiological changes. Amer. J. Anat. 22, 225–283 (1917)

Stockard, Ch. R., Papanicolaou, G. N.: The existence of a typical oestrous cycle in guinea-pigs and its histology. Anat. Rec. 11, 411–412 (1917)

Stockard, Ch. R., Papanicolaou, G. N.: A rhythmical "heat period" in the guinea-pig. Science 46, 42–44 (1917)

Streeter, G. L.: On the development of the membranous labyrinth and the acoustic and facial nerves in the human embryo. Amer. J. Anat. 6, 139–165 (1906)

Streeter, G. L.: The development of the scala tympani, scala vestibuli and perioticular cistern in the human embryo. Amer. J. Anat. 21, 299–320 (1917)

Streeter, G. L.: The histogenesis and growth of the otic capsule and its contained periotic tissue-spaces in the human embryo. Contr. Embryol. Carneg. Instn. 7, 5–54 (1918)

Svane-Knudsen, V.: Resorption of the cerebro-spinal fluid in guinea-pig. An experimental study. Acta oto-laryng. (Stockh.) 49, 240–251 (1958)

Thorn, L.: Elektronenmikroskopische Beobachtungen zur Entwicklung des Cortischen Organs beim Meerschweinchen. Verh. Anat. Ges., Erg. Heft zum 130. Bd. des Anat. Anz., 257—266 (1972)

Thorn, L., Schinko, I., Wetzstein, R.: Synaptic bar in the efferent part of a synapse in the organ of Corti. Experentia 28, 835 (1972)

Titova, L. K.: Gistochimičeskoe issledovanie razvitija kortieva organa mlekopitajuščich. Arkh. Anat. 48, 32–40 (1965). Zit. n. Chodynicki, S. (1968)

Titova, L. K.: Gistochimičeskoe i elektronnomikrokopičeskoe issledovanija razvitija receptornych struktur perepončatogo labirinta (vnutrennego ucha) pozvonočnych. Zh. Evol. Bioch. Fizjol. 1, 311–318 (1965). Zit. n. Chodynicki, S. (1968)

Trujillo-Cenóz, O.: Some aspects of the structural organization of the intermediate retina of dipterans. J. Ultrastruct. Res. 13, 1–33 (1965)

Trujillo-Cenóz, O.: Some aspects of the structural organization of the medulla in muscoid flies. J. Ultrastruct. Res. 27, 533–553 (1969)

Truslove, G. M.: The anatomy and development of the Fidget mouse. J. Genet. 54, 64–86 (1956)

Van der Stricht, O.: The development of the pillar cells, tunnel space, and Nuel's spaces in the organ of Corti. J. comp. Neurol. 30, 283–321 (1919)

Van de Water, T. R., Ruben, R. J.: Organ culture of the mammalian inner ear. Acta otolaryng. (Stockh.) 71, 303–312 (1971)

Vázquez-Nin, G. H., Sotelo, J. R.: Electron microscope study of the developing nerve terminals in the acoustic organs of the chick embryo. Z. Zellforsch. 92, 325–338 (1968)

Wada, T.: Anatomical and physiological studies on the growth of the inner ear of the albino rat. Amer. Anat. Memoirs 10, 1–174 (1923)

Wartenberg, H.: The mammalian pineal organ: Electron microscopic studies on the fine structure of pinealocytes, glial cells and on the perivascular compartment. Z. Zellforsch. 86, 74–97 (1968)

Wedenberg, E., Wersäll, J.: Unpublished data, 1965. Zit. n. Duvall, A. J., 3rd, Flock, Å., Wersäll, J. (1966)

Weibel, E. R.: Zur Kenntnis der Differenzierungsvorgänge im Epithel des Ductus cochlearis. Acta anat. (Basel) 29, 53–90 (1957)

Weidman, Th. A., Kuwabara, T.: Postnatal development of the rat retina. An electron microscopic study. Arch. Ophthal. 79, 470–484 (1968)

Wersäll, J., Flock, Å.: In: Henry Ford hospital international symposia on sensorineural hearing processes and disorders. Detroit, New York: Academic Press Inc., 1965. Zit. n. Duvall, A. J., 3rd, Flock, Å., Wersäll, J. (1966)

Wersäll, J., Flock, Å., Lundquist, P.-G.: Structural basis for directional sensitivity in cochlear and vestibular sensory receptors. Cold Spr. Harb. Symp. quant. Biol. 30, 115–145 (1966)

Whittaker, V. P.: The isolation and characterization of acetylcholine containing particles from brain. Biochem. J. 72, 694–706 (1959)

Whittaker, V. P.: Investigations on the storage sites of biogenic amines in the central nervous system. In: Himwich, H. E., Himwich, W. A.: Biogenic amines. Progr. in Brain Res. 8, 90–117 (1964)

Whittaker, V. P., Gray, E. G.: The synapse: biology and morphology. Brit. med. Bull. 18, 223–228 (1962)

Wolfe, D. E.: The epiphysial cell: an electron-microscopic study of its intercellular relationships and intracellular morphology in the pineal body of the albino rat. In: Kappers, J. A., Schadé, J. P.: Structure and function of the epiphysis cerebri. Progr. in Brain Res. 10, 332–386 (1965)

Wright, I.: Congenital toxoplasmosis and deafness; an investigation. Pract. oto-rhino-laryng. 33, 377–387 (1971)

Wüstenfeld, E.: Persönl. Mitt. 1969

Sachverzeichnis

Advances in Anatomy Embryology and Cell Biology

Ergebnisse der Anatomie und Entwicklungsgeschichte

Revues d'anatomie et de morphologie expérimentale

Editors:

A. Brodal, Oslo · W. Hild, Galveston · J. van Limborgh, Amsterdam
R. Ortmann, Köln · T. H. Schiebler, Würzburg · G. Töndury, Zürich
E. Wolff, Paris

Vol. 51 (Fasc. 1—6)

Springer-Verlag Berlin Heidelberg New York 1975

Inhalt/Contents